"十四五"高等职业教育装备制造大类专业系列教材

AutoCAD 实用教程

徐 丹 ◎ 主 编
祝雁冰 ◎ 副主编
严 帅 马玉洁 ◎ 主 审

中国铁道出版社有限公司
CHINA RAILWAY PUBLISHING HOUSE CO., LTD.

内 容 简 介

本书是"十四五"高等职业教育装备制造大类专业系列教材之一，基于项目化教学，结合工程实际案例讲解 AutoCAD 绘图知识，重点培养学生的软件绘图技能，提高学生解决工程实际问题的能力。主要包含 CAD 绘图入门、绘制平面图形、绘制零件图及绘制装配图等内容。

本书打破传统计算机绘图的知识体系，选取典型案例作为任务将基本绘图及编辑指令融入其中，由浅入深，并适当结合近几年工程图学竞赛的题型，从技巧性、趣味性入手，激发学生的学习兴趣，训练学生的空间思维能力及实际应用能力。本书从案例入手，可操作性强，图文并茂，并配有数字化资源。

本书适合作为高等职业院校机械设计制造类、自动化类、电子信息类等专业"计算机辅助设计与绘图"课程的教材，也可作为工程技术人员及计算机爱好者的自学参考书。

图书在版编目（CIP）数据

AutoCAD实用教程 / 徐丹主编. -- 北京：中国铁道出版社有限公司, 2024. 9. --（"十四五"高等职业教育装备制造大类专业系列教材）. -- ISBN 978-7-113-31510-8

Ⅰ. TP391.72

中国国家版本馆CIP数据核字第20241BK060号

书　　名：AutoCAD 实用教程
作　　者：徐　丹

策　　划：张围伟　　　　　　　　　　　　编辑部电话：(010) 63560043
责任编辑：何红艳　包　宁
编辑助理：郭馨宇
封面设计：刘　颖
责任校对：刘　畅
责任印制：樊启鹏

出版发行：中国铁道出版社有限公司（100054，北京市西城区右安门西街 8 号）
网　　址：https://www.tdpress.com/51eds/
印　　刷：河北宝昌佳彩印刷有限公司

版　　次：2024 年 9 月第 1 版　　2024 年 9 月第 1 次印刷
开　　本：787 mm×1 092 mm　1/16　印张：12.25　字数：298 千
书　　号：ISBN 978-7-113-31510-8
定　　价：39.80 元

版权所有　侵权必究

凡购买铁道版图书，如有印制质量问题，请与本社教材图书营销部联系调换。电话：(010) 63550836
打击盗版举报电话：(010) 63549461

前言

贯彻落实《制造业数字化转型行动方案》，推动制造业领域的数字化进程，需要更多能熟练应用计算机绘图技术的人才。AutoCAD作为工程设计领域的一个基础性应用软件，因其丰富的绘图功能及简便易学的优点，受到广大工程技术人员的普遍欢迎。目前，AutoCAD已广泛应用于机械、电子、建筑、交通、船舶等工程设计领域，极大地提高了设计人员的工作效率。为此，编者以AutoCAD的应用能力培养为重点，编写了本书。

本书是"十四五"高等职业教育装备制造大类专业系列教材之一，基于项目化教学，结合工程实际案例介绍AutoCAD绘图知识，主要特点如下：

1. 融通"岗、课、赛、证"环节，构建系统化、数字化教学资源

由于社会对工程类专业人才质量的要求不断提升，为对接企业岗位需求，学校与企业联合成立专业建设指导委员会并深入参与教材内容的设计与重构，针对岗位需求选用典型案例作为任务。为了更好地服务图学技能竞赛的需要，体现"以赛促教、以赛促学、以赛促改"的目的，结合CAD考证要求，融通"岗、课、赛、证"环节，本书将内容重构为CAD绘图入门、绘制平面图形、绘制零件图及绘制装配图四个项目多个任务。本书从技巧性、趣味性入手，激发学生的学习兴趣，训练学生的空间思维能力及实际应用能力，将大赛案例融入教材。同时，教材中的实例可与江苏航运职业技术学院慕课堂在线开放课程"机械制图与CAD"中的资料配合使用，实用性强，数字资源丰富，适应当前高等职业院校学生的学习特点，也便于自学。

2. 建立"工匠精神、规范意识、科学素养"的课程思政体系

通过四个项目多个任务的学习和操作，学生能够快速上手，迅速提高技能。同时，从科学思维、团结协作、精益求精、成本意识、工匠精神等方面，本书将专业知识与思想政治教育相结合，旨在培养学生"团队合作、严谨细致、迎难而上"的工匠精神及解决实际工程问题的能力。

本书由江苏航运职业技术学院徐丹任主编，祝雁冰任副主编，参与编写的还有南通万达新能源动力科技有限公司高级工程师朱霞及江苏航运职业技术学院鲁华宾、陆佳皓、

南通中集特种运输设备制造公司王磊、马志新、陆立新、吴金泉等。具体编写分工如下：鲁华宾、吴金泉编写项目一，陆佳皓、徐丹、鲁华宾编写项目二，徐丹、祝雁冰编写项目三，祝雁冰、马志新编写项目四，朱霞、王磊、陆立新编写题库，徐丹负责统稿，严帅、马玉洁主审。本书在编写过程中得到江苏航运职业技术学院曹将栋、曹雪玉、周志军、施苏俊、丁丰、由佳翰、陆萍、周煜、张利、马振伟、吴晶等多位教师的大力支持，在此表示感谢！

  限于编者水平，书中难免存在疏漏与不足之处，恳请广大读者批评指正。

编 者
2024年5月

目 录

项目一　CAD绘图入门 1

任务一　认识工作界面与图形文件管理 2
任务描述 2
任务实施 3
知识链接 7

任务二　设置绘图环境 8
任务描述 8
任务实施 8
知识链接 16

任务三　输入命令与操作视图 17
任务描述 17
任务实施 17
知识链接 25

项目二　绘制平面图形 27

任务一　绘制简单图形 27
任务描述 27
任务实施 28
绘图训练 30
知识链接 31

任务二　绘制阵列类图形 40
任务描述 40
任务实施 40
绘图训练 41
知识链接 45

任务三　绘制缩放类图形 54
任务描述 54
任务实施 54
绘图训练 55
知识链接 55

任务四　绘制辅助线 58
任务描述 58

	任务实施	58
	绘图训练	58
	知识链接	63
任务五	补画第三视图	72
	任务描述	72
	任务实施	72
	绘图训练	73
	知识链接	76

项目三 绘制零件图 77

   任务一　创建样板文件 77
      任务描述 77
      任务实施 78
      知识链接 100
   任务二　绘制轴类零件图 103
      任务描述 103
      任务实施 104
      知识链接 125
   任务三　绘制盘盖类零件图 133
      任务描述 133
      任务实施 135
      知识链接 145

项目四 绘制装配图 148

   任务一　绘制装配图中的专用零件图 148
      任务描述 148
      任务实施 149
      知识链接 152
   任务二　绘制装配图 155
      任务描述 155
      任务实施 155
      知识链接 166

零件图实训题库 175

附录 187

   附录A　创建新图层 187
   附录B　部分标注符号绘制尺寸要求 188
   附录C　CAD考证阅卷评分标准 189

参考文献 190

项目一 CAD 绘图入门

在应用AutoCAD软件设计和绘制图形时，对于不同的行业有不同的国家标准，这必然要求设置不同的绘图环境以满足不同的行业需求。在机械行业绘图时要求按照给定的尺寸进行精确绘制，此时，既可通过输入指定点的坐标绘制图形，也可以灵活应用系统提供的"捕捉""栅格""极轴""对象捕捉""对象追踪"等功能，快速、精确地绘制图形。

知识目标
1. 熟悉AutoCAD的界面；
2. 掌握图形文件的管理方法；
3. 掌握图形单位、图形界限的设置方法；
4. 掌握绘图辅助工具的设置方法。

能力目标
1. 能够根据绘图需要设置绘图环境；
2. 能够利用图层组织和管理图形；
3. 能够解决绘图环境设置中的常见问题。

素质目标
1. 培养细心和耐心的品质；
2. 培养创新精神和探索精神；
3. 提高沟通和解决问题的能力；
4. 形成贯彻国家标准的意识；
5. 培养社会责任心并提高工程能力。

AutoCAD是Autodesk公司开发的通用计算机辅助设计（computer aided design，CAD）软件，具有易于掌握、使用方便、体系结构开放等优点，能够绘制二维图形与三维图形、标注尺寸、渲染图形以及打印输出图纸。该软件目前已广泛应用于机械、建筑、电子、航天、造船、石油化工、土木工程、冶金、地质、气象、纺织、轻工、商业等领域。

1. 绘制图形

AutoCAD 的"绘图"菜单中包含丰富的绘图命令，使用它们可以绘制直线、构造线、多段线、圆、矩形、多边形、椭圆等基本图形和结构，也可以将绘制的图形转换为面域，对其

进行填充。再借助"修改"菜单中的修改命令，即可绘制出各种各样的二维图形，通过拉伸、设置标高和厚度等操作可以轻松地将一些二维图形转换为三维图形。使用"绘图"或"建模"命令中的子命令，用户可以方便地绘制圆柱体、球体、长方体等基本实体以及三维网格、旋转网格等曲面模型，同样再结合"修改"菜单中的相关命令，还可以绘制出各种各样的复杂三维图形。

2．标注图形尺寸

尺寸标注是向图形中添加测量注释的过程，是整个绘图过程中不可缺少的一步。AutoCAD的"标注"菜单中包含了一套完整的尺寸标注和编辑命令，正确使用它们可以在图形的各个方向上创建各种类型的标注，也可以方便、快速地以一定格式创建符合行业或项目标准的标注。

标注显示了对象的测量值，对象之间的距离、角度，或特征与指定原点的距离。AutoCAD提供了线性、半径和角度三种基本的标注类型，可以进行水平、垂直、对齐、旋转、坐标、基线或连续等标注。此外，还可以进行引线标注、公差标注以及自定义粗糙度标注。标注的对象可以是二维图形或三维图形。

3．渲染三维图形

在 AutoCAD 中，可以运用雾化、光源和材质功能，将模型渲染为具有真实感的图像。如果是为了演示，可以渲染全部对象；如果时间有限，或显示设备和图形设备不能提供足够的灰度等级和颜色，就不必精细渲染；如果只需快速查看设计的整体效果，则可以简单消隐或设置视觉样式。

4．输出与打印图形

AutoCAD 不仅允许将所绘图形以不同样式通过绘图仪或打印机输出，还能够将不同格式的图形导入 AutoCAD 或将 AutoCAD 图形以其他格式输出。因此，当图形绘制完成后，可以将图形打印在图纸上，或创建成文件输出以供其他应用程序使用。

利用 AutoCAD 作图，一般应遵守如下作图原则：

（1）作图步骤：设置图幅→设置单位→设置图层→设置文字样式、尺寸标注样式→开始绘图。

（2）在模型空间始终用1∶1比例绘图，打印时可在图纸空间内设置打印比例。

（3）为了有效地组织图形，应将不同类型的图形元素对象设置为不同的图层。

（4）精确绘图时要充分运用对象捕捉功能。

任务一　认识工作界面与图形文件管理

任务描述

熟悉 AutoCAD 2021 的工作界面，能够迅速找到各功能分区的对应位置并进行操作；熟悉图形文件的管理，养成良好的文件管理习惯。

项目一　CAD 绘图入门

任务实施

一、认识AutoCAD 2021工作界面

中文版AutoCAD 2021为用户提供了草图与注释工作空间模式（见图1-1）、三维基础工作空间模式（见图1-2）、三维建模工作空间模式（见图1-3），当然对于习惯使用AutoCAD传统界面的用户来说，可以采用AutoCAD经典工作空间模式（见图1-4）。

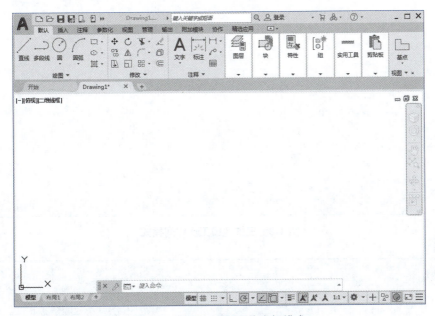

图 1-1　草图与注释工作空间模式

图 1-2　三维基础工作空间模式

3

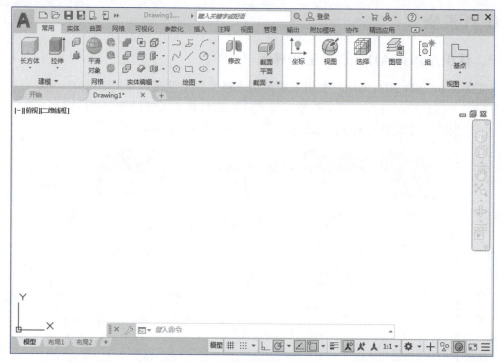

图1-3 三维建模工作空间模式

图1-4 AutoCAD 经典工作空间模式

下面主要针对传统经典模式进行简单介绍，经典工作界面主要由菜单栏、工具栏、绘图窗口、文本窗口与命令行、状态行等元素组成。

1．标题栏

标题栏位于应用程序窗口的最上方，用于显示当前正在运行的程序名及文件名等信息，如果是AutoCAD默认的图形文件，其名称为Drawing$N$.dwg（N为数字）。单击标题栏右侧的按钮，可以最小化、最大化或关闭应用程序窗口。标题栏最左侧是应用程序图标，单击它会弹出"AutoCAD窗口控制"下拉菜单，可以执行最小化或最大化窗口、恢复窗口、移动窗口、关闭AutoCAD等操作。

2．菜单栏与快捷菜单

中文版AutoCAD 2021的菜单栏由"文件""编辑""视图"等菜单组成，几乎包括了AutoCAD中全部的功能和命令。

快捷菜单又称上下文相关菜单。在绘图区域、工具栏、状态行、模型与布局选项卡以及一些对话框上右击时，将弹出一个快捷菜单，该菜单中的命令与AutoCAD当前状态相关，使用它们可以在不启动菜单栏的情况下快速、高效地完成某些操作。

3．工具栏

工具栏是应用程序调用命令的另一种方式，它包含许多由图标表示的命令按钮。在AutoCAD中，系统共提供了二十多个已命名的工具栏。默认情况下，"标准""属性""绘图""修改"等工具栏处于显示状态。如果要显示当前隐藏的工具栏，可在任意工具栏上右击，此时将弹出一个快捷菜单，通过选择命令可以显示或关闭相应的工具栏。

命令后跟有"▶"，表示该命令下还有子命令；命令后跟有"…"，表示执行该命令可打开一个对话框；命令后跟有组合键，表示直接按组合键即可执行相应命令；命令后跟有快捷键，表示打开该菜单时，按下快捷键即可执行相应命令；命令呈现灰色，表示该命令在当前状态下不可使用。

4．绘图窗口

在AutoCAD中，绘图窗口是用户绘图的工作区域，所有绘图结果都反映在这个窗口中。可以根据需要关闭其周围和里面的各个工具栏，以增大绘图空间。如果图纸比较大，需要查看未显示部分时，可以单击窗口右侧与下侧滚动条上的箭头，或拖动滚动条上的滑块移动图纸。在绘图窗口中除了显示当前的绘图结果外，还显示了当前使用的坐标系类型以及坐标原点，以及X轴、Y轴、Z轴的方向等。默认情况下，坐标系为世界坐标系（WCS）。绘图窗口的下方有"模型"和"布局"选项卡，单击其标签可以在模型空间和图纸空间之间来回切换。

5．命令行与文本窗口

"命令行"窗口位于绘图窗口的底部，用于接收用户输入的命令，并显示AutoCAD的提示信息。在AutoCAD 2021中，"命令行"窗口可以拖放为浮动窗口。

AutoCAD文本窗口是记录AutoCAD命令的窗口，相当于放大的"命令行"窗口，它记录了已执行的命令，也可以用于输入新命令。在AutoCAD 2021中，可以选择"视图"→"显示"→"文本窗口"命令、执行TEXTSCR命令或按【F2】键打开AutoCAD文本窗口，窗口中记录了对文档进行的所有操作。

6．状态行

状态行用于显示AutoCAD当前的状态，如当前光标的坐标、命令和按钮的说明等。在绘

图窗口中移动光标时，状态行的"坐标"区将动态地显示当前坐标值。坐标显示取决于当前选择的模式和程序中运行的命令，共有"相对""绝对""无"三种模式。

状态行中还包括"捕捉""栅格""正交""极轴""对象捕捉""对象追踪""DUCS""DYN""线宽""模型"（或"图纸"）十个功能按钮。

二、图形文件管理

在AutoCAD 2021中，图形文件管理包括创建新的图形文件、打开已有的图形文件、关闭图形文件以及保存图形文件等操作。

1. 新建文件

在菜单栏中选择"文件"→"新建"命令（NEW），或在"标准"工具栏中单击"新建"按钮，弹出"选择样板"对话框即可创建新图形文件。

在"选择样板"对话框中，可以在"名称"列表框中选中某一样板文件，这时在其右侧的"预览"框中将显示出该样板的预览图像。单击"打开"按钮，可以以选中的样板文件为样板创建新图形，此时会显示图形文件的布局（选择样板文件acad.dwt或acadiso.dwt除外）。使用默认图形样板时，新的图形将自动使用指定文件中定义的设置，如果不想使用样板文件创建新图形，可单击"打开"按钮旁的下拉按钮，在弹出的列表中选择"无样板"选项。

2. 打开图形文件

在菜单栏中选择"文件"→"打开"命令（OPEN），或在"标准"工具栏中单击"打开"按钮，弹出"选择文件"对话框，可以打开已有的图形文件。选择需要打开的图形文件，在右侧的"预览"框中将显示出该图形的预览图像。默认情况下，打开的图形文件的扩展名为.dwg。

在AutoCAD中，可以以"打开""以只读方式打开""局部打开""以只读方式局部打开"四种方式打开图形文件。当以"打开"或"局部打开"方式打开图形时，可以对打开的图形进行编辑；如果以"以只读方式打开"或"以只读方式局部打开"方式打开图形时，则无法对打开的图形进行编辑。

如果选择以"局部打开"或"以只读方式局部打开"方式打开图形，将弹出"局部打开"对话框。可以在"要加载几何图形的视图"选项组中选择要打开的视图，在"要加载几何图形的图层"选项组中选择要打开的图层，然后单击"打开"按钮，即可在视图中打开选中图层上的对象。

3. 保存图形文件

在AutoCAD中，可以使用多种方式将所绘图形以文件形式存入磁盘。例如，可以在菜单栏中选择"文件"→"保存"命令（QSAVE），或在"标准"工具栏中单击"保存"按钮，以当前使用的文件名保存图形；也可以选择"文件"→"另存为"命令（SAVEAS），将当前图形以新的名称保存。

在第一次保存创建的图形时，将弹出"图形另存为"对话框。默认情况下，文件以AutoCAD 2021图形（*.dwg）格式保存，也可以在"文件类型"下拉列表框中选择其他格式。

4．关闭图形文件

在菜单栏中选择"文件"→"关闭"命令（CLOSE），或在绘图窗口中单击"关闭"按钮，可以关闭当前图形文件。如果当前图形没有存储，系统将弹出AutoCAD警告对话框，询问是否保存文件。此时，单击"是（Y）"按钮或直接按【Enter】键，可以保存当前图形文件并将其关闭；单击"否（N）"按钮，可以关闭当前图形文件但不保存；单击"取消"按钮，取消关闭当前图形文件操作，即不保存也不关闭。

如果当前编辑的图形文件没有命名，那么单击"是（Y）"按钮后，AutoCAD会弹出"图形另存为"对话框，要求用户确定图形文件存放的位置和名称。

知识链接

使用帮助

AutoCAD为用户提供了强大的帮助功能，用户在绘图或开发过程中可以随时通过该功能得到相应的帮助。在菜单栏中选择"帮助"→"帮助"命令，打开"帮助"窗口，用户可以通过此窗口得到相关的帮助信息，或浏览AutoCAD 2021的全部命令与系统变量。AutoCAD 2021的"帮助"窗口如图1-5所示。

图1-5 "帮助"窗口

也可以通过按【F1】键打开"帮助"窗口，用户可以在窗口的搜索栏中输入想了解的命令的关键字，即可搜索出与该命令有关的用法，如在搜索栏中输入"阵列"后的"帮助"窗口如图1-6所示，从中可学习和了解"阵列"命令的使用方法。

图 1-6 搜索栏输入阵列后的"帮助"窗口

任务二 设置绘图环境

任务描述

使用 AutoCAD 创建一个文件后，通常需要先进行一些基本的绘图环境设置。本任务介绍基本绘图环境的设置，以符合国家标准或行业标准的要求，同时也能提高绘图效率，如图形单位、图形界限及绘图辅助工具（如极轴追踪、对象捕捉、对象追踪等）的设置等。

任务实施

一、初始绘图环境设置

1．设置参数选项

通常情况下，安装好 AutoCAD 2021 后即可在其默认状态下绘制图形，但有时为了使用特殊的定点设备、打印机或提高绘图效率，用户需要在绘制图形前先对系统参数进行必要的设置。在菜单栏中选择"工具"→"选项"命令（OPTIONS），弹出"选项"对话框，其中包含"文件""显示""打开和保存""打印和发布""系统""用户系统配置""草图""三维建模""选择""配置"十个选项卡，如图 1-7 所示。

项目一 CAD 绘图入门

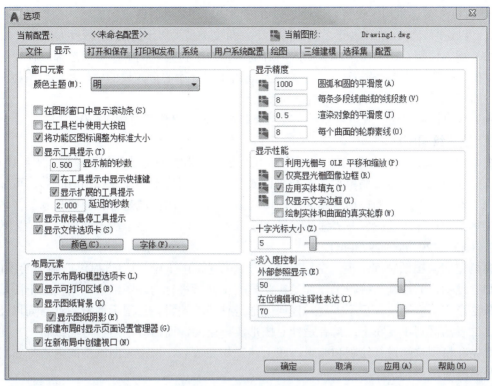

图 1-7 "选项"对话框

2. 设置图形单位

在 AutoCAD 中，用户可以采用 1:1 的比例绘图，因此，所有直线、圆和其他对象都可以以真实大小进行绘制。例如，如果一个零件长 200 cm，那么它也可以按 200 cm 的真实大小进行绘制，在需要打印出图时，再将图形按图纸大小进行缩放。

在中文版 AutoCAD 2021 中，用户可以在菜单栏中选择"格式"→"单位"命令，弹出"图形单位"对话框，设置绘图时使用的长度单位、角度单位、单位的显示格式和精度等参数，如图 1-8 所示。其中各选项的功能如下：

图 1-8 "图形单位"对话框

（1）长度：设置长度单位的类型和精度。类型用于设置单位的当前格式，其中包括"建筑""小数""工程""分数""科学"五种格式，其中"工程"和"建筑"格式以英制方式显示。精度用于设置当前长度单位的精度，默认情况下，长度类型为"小数"，精度为小数点后四位。

（2）角度：设置角度单位的类型和精度。类型用于设置当前角度单位的格式，其中包括"十进制度数""度/分/秒""弧度""勘测单位""百分度"五种格式。精度用于设置当前角度单位的精

9

度。"顺时针"复选框用于设置角度是逆时针方向旋转还是顺时针方向旋转,当该复选框未被勾选时,以逆时针方向旋转为正。默认情况下,角度类型为"十进制",精度为个位。

(3) 插入比例:在"用于缩放插入内容的单位"下拉列表框中,可以选择设计中心块的图形单位,默认单位为"毫米"。当用户从AutoCAD设计中心插入块的单位与在此下拉列表框中指定的单位不同时,块将按比例缩放到指定单位。

(4) 输出样例:该区域用于显示说明当前单位和角度设置下的输出样例。

3. 设置绘图图限

在中文版 AutoCAD 2021 中,用户不仅可以通过设置参数选项和图形单位设置绘图环境,还可以设置绘图图限。在菜单栏中选择"格式"→"图形界限"命令(LIMITS),可以在模型空间中设置一个想象的矩形绘图区域,即图限,它确定的区域是可见栅格指示的区域,也是在菜单栏中选择"视图"→"缩放"→"全部"命令时决定显示图形面积大小的参数,系统默认为A3(420 mm×297 mm)。

模型空间与图纸空间:模型空间是创建工程模型的空间,为用户提供广阔的绘图区域,二维和三维图形的绘制与编辑工作都是在此模型空间下进行的。图纸空间则侧重于图纸的布局,在这个空间中用户几乎不需要对任何图形进行修改编辑,只用于调整图纸布局以及打印输出。二者的区别主要在于:前者是针对图形实体空间,而后者则是针对图纸布局。在绘图时,可先在模型空间进行绘制和编辑,在上述工作完成后,再进入图纸空间内进行布局调整直至最终出图。

4. 设置图层

可以将AutoCAD图层想象成一层层透明的纸,用户将各种类型的图形元素绘制在这些纸上,然后叠加在一起构成最终的图形。所有图形对象都具有图层、颜色、线型和线宽四个基本属性,每个图层都具有一定的属性和状态,通过控制属性,可以方便地绘制不同特点的对象,提高绘图效率。设置图层可以通过图层特性管理器实现,如图1-9所示。

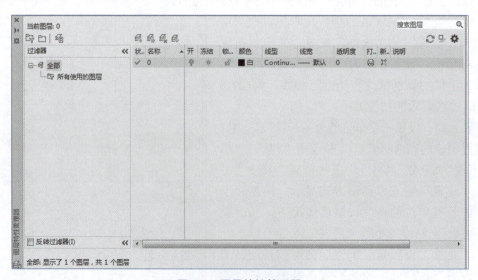

图1-9 图层特性管理器

1）创建及设置图层

AutoCAD的图形对象总是位于某个图层上。默认情况下，当前层是0层，此时绘制的图形对象在0层上。每个图层都有与其相关联的颜色、线型、线宽等属性信息，用户可以对这些信息进行设定或修改。

（1）图层特性管理器。图层是AutoCAD提供的一个管理图形对象的工具，用户可以根据图层对图形几何对象、文字、标注等进行归类处理和管理，这不仅能使图形的各种信息清晰、有序、便于观察，还会给图形的编辑、修改和输出带来很大的方便。利用图层特性管理器，用户可以很方便地创建图层并设置其基本属性。在菜单栏中选择"格式"→"图层"命令，即可打开图层特性管理器。

（2）创建新图层。开始绘制新图形时，AutoCAD将自动创建一个名为0的特殊图层。默认情况下，图层0将被指定使用7号颜色（白色或黑色，由背景色决定，本书中将背景色设置为白色，因此，图层颜色就是黑色）、Continuous线型、"默认"线宽及normal打印样式，用户不能删除或重命名该图层。在绘图过程中，如果用户要使用更多的图层组织图形，就需要先创建新图层。

在图层特性管理器中单击"新建图层"按钮，可以创建一个名称为"图层1"的新图层。默认情况下，新建图层与当前图层的状态、颜色、线型、线宽等设置相同。创建新图层后，该图层的名称将显示在图层列表框中，如果要更改图层名称，可单击该图层名，然后输入一个新的图层名并按【Enter】键即可。

（3）设置图层颜色。颜色在图形中具有非常重要的作用，可用于表示不同的组件、功能和区域。图层的颜色实际上是图层中图形对象的颜色，每个图层都拥有自己的颜色，对不同的图层可以设置相同的颜色，也可以设置不同的颜色，绘制复杂图形时就可以很容易地区分图形的各个部分。

新建图层后，要改变图层的颜色，可在图层特性管理器中单击图层"颜色"列对应的图标，弹出"选择颜色"对话框，在其中进行设置。

（4）使用与管理线型。线型是指图形基本元素中线条的组成和显示方式，如虚线和实线等。在AutoCAD中既有简单线型，也有由一些特殊符号组成的复杂线型，以满足不同国家和地区或行业标准的要求。

① 设置图层线型。在绘制图形时要使用线型区分图形元素，这就需要对线型进行设置。默认情况下，图层的线型为Continuous。要改变线型，可在图层列表中单击"线型"列的Continuous，弹出"选择线型"对话框，在"已加载的线型"列表框中选择一种线型，然后单击"确定"按钮。

② 加载线型。默认情况下，在"选择线型"对话框的"已加载的线型"列表框中只有Continuous一种线型，如果要使用其他线型，必须将其添加到"已加载的线型"列表框中。可单击"加载"按钮，弹出"加载或重载线型"对话框，从当前线型库中选择需要加载的线型，然后单击"确定"按钮。

③ 设置线型比例。在菜单栏中选择"格式"→"线型"命令，弹出"线型管理器"对话框，在其中可设置图形中的线型比例，从而改变非连续线型的外观。

④ 设置图层线宽。线宽设置即改变线条的宽度。在AutoCAD中，使用不同宽度的线条表

现对象的不同大小或类型，可以提高图形的表达能力和可读性。

要设置图层的线宽，可以在图层特性管理器的"线宽"列中单击该图层对应的线宽"——默认"，弹出"线宽"对话框，有20多种线宽供选择。也可以在菜单栏中选择"格式"→"线宽"命令，弹出"线宽设置"对话框，通过调整线宽比例，使图形中的线宽显示得更宽或更窄。

2）管理图层

在AutoCAD中，使用图层特性管理器不仅可以创建图层，设置图层的颜色、线型和线宽，还可以对图层进行更多的设置与管理，如图层的切换、重命名、删除及图层的显示控制等。

（1）设置图层特性。使用图层绘制图形时，新对象的各种特性将默认为随层（bylayer），由当前图层的默认设置决定，也可以单独设置对象的特性，新设置的特性将覆盖原来随层的特性。在图层特性管理器中，每个图层都包含状态、名称、打开/关闭、冻结/解冻、锁定/解锁、线型、颜色、线宽和打印样式等特性。

（2）切换当前层。在图层特性管理器的图层列表中选择某一图层，然后单击"当前图层"按钮，即可将该层设置为当前层。

在实际绘图时，为了便于操作，主要通过"图层"和"对象特性"工具栏实现图层切换，这时只需选择要将其设置为当前层的图层名称即可。此外，"图层"和"对象特性"工具栏中的主要选项与图层特性管理器中的内容相对应，因此也可以用于设置与管理图层特性。

（3）使用"图层过滤器特性"对话框过滤图层。在AutoCAD中，图层过滤功能大大简化了在图层方面的操作。当图形中包含大量图层时，在图层特性管理器中单击"新特性过滤器"按钮，弹出"图层过滤器特性"对话框，在其中命名图层过滤器。

（4）使用新组过滤器过滤图层。在图层特性管理器中单击"新组过滤器"按钮，并在左侧过滤器树列表中添加一个"组过滤器1"（也可以根据需要进行命名）。在过滤器树中单击"所有使用的图层"节点或其他过滤器，显示对应的图层信息，然后将需要分组过滤的图层拖动到创建的"组过滤器1"上即可。

（5）保存与恢复图层状态。图层设置包括图层状态和图层特性。图层状态包括图层是否打开、冻结、锁定、打印和在新视口中自动冻结。图层特性包括颜色、线型、线宽和打印样式。可以选择要保存的图层状态和图层特性。例如，可以选择只保存图形中图层的"冻结/解冻"设置，忽略所有其他设置。恢复图层状态时，除了每个图层的冻结或解冻设置以外，其他设置仍保持当前状态。在AutoCAD 2021中，可以使用图层状态管理器管理所有图层的状态。

（6）使用图层转换器转换图层。图层转换器能够转换当前图形中的图层，使之与其他图形的图层结构或CAD标准文件相匹配，实现图形的标准化和规范化。例如，如果打开一个与本公司图层结构不一致的图形时，可以使用图层转换器转换图层名称和属性，以符合本公司的图形标准。

（7）改变对象所在图层。在实际绘图中，如果绘制完某一图形元素后，发现该元素并没有绘制在预先设置的图层上，可选中该图形元素，并在"对象特性"工具栏的"图层控制"下拉列表框中选择预设层名，然后按【Esc】键改变对象所在图层。

（8）使用图层工具管理图层。在AutoCAD 2021中新增了图层管理工具，利用该功能用户可以更加方便地管理图层。在菜单栏中选择"格式"→"图层工具"命令中的子命令，就可以通过图层工具管理图层。

二、精确定位工具

AutoCAD提供了精确绘图的辅助功能，包括捕捉、栅格、正交、对象捕捉、对象捕捉追踪、动态输入等，避免用户进行烦琐的坐标计算和坐标输入。

1. 捕捉工具

在状态行单击"捕捉"按钮，单击"绘图"工具栏中的"直线"按钮，在屏幕上任意单击绘制直线，可以看到绘制的图形都被捕捉到网格点上。无论在什么位置单击，直线的端点只能落在网格点上。

2. 栅格工具

栅格是AutoCAD提供的一种辅助工具，通常与捕捉一起使用。单击屏幕下方的"栅格"按钮，启用栅格功能，可以看到屏幕上出现了一张网格表。

在菜单栏中选择"草图设置"命令，弹出"草图设置"对话框（见图1-10），在其中设置栅格的横向和纵向间距，也可以设置捕捉的横向和纵向间距。

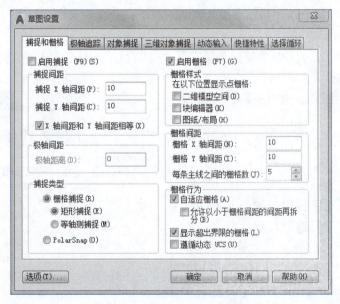

图1-10 "草图设置"对话框

（1）"启用捕捉"复选框：打开或关闭捕捉方式。勾选该复选框，可以启用捕捉。

（2）"捕捉间距"选项组：设置捕捉间距、捕捉角度以及捕捉基点坐标。

（3）"启用栅格"复选框：打开或关闭栅格的显示。勾选该复选框，可以启用栅格。

（4）"栅格间距"选项组：设置栅格间距。

（5）"捕捉类型"选项组：设置捕捉类型，包括"栅格捕捉"和PolarSnap（极轴捕捉）两种，只有选中PolarSnap单选按钮时，"极轴间距"选项组才可以启用。

（6）"栅格样式"选项组：设置栅格显示的对象范围。

（7）"栅格行为"选项组：设置显示栅格线的外观。

3．正交模式

正交是AutoCAD提供的另外一种辅助工具，可以通过单击屏幕下方的"正交"按钮启用正交功能，再次单击此按钮即可关闭。在正交模式下，十字光标只能在水平或垂直方向移动。

单击"绘图"工具栏上的直线图标，可以绘制任意角度的直线。再单击"正交"按钮启用正交功能，此时只能绘制的水平或垂直方向的直线，不能再绘制有一定倾斜角度的直线。

4．对象捕捉工具

为了保证绘图的精确性，AutoCAD 提供了对象捕捉功能，使用该功能可以准确地捕捉到图形上的特征点。默认情况下，当系统请求输入一个点时，可将光标移至对象特征点附近，在光标的中心位置会出现一个捕捉框，此时即可迅速、准确地捕捉到对象上的特殊点，从而精确地绘制图形。

在AutoCAD中启用对象捕捉功能的方式有两种：一是在按住【Shift】键的同时右击，在弹出的快捷菜单中选择对象捕捉的命令，包括端点捕捉、圆心捕捉、垂足捕捉、切点捕捉等；另一种方式是将光标移到任意工具栏上并右击，在弹出的快捷菜单中选择"对象捕捉"命令，即可打开"对象捕捉"工具栏，可同样选择各捕捉命令。

对象捕捉功能均为开关设置，可以通过选择相应命令打开或关闭对象捕捉。右击可以设置一些常用的对象捕捉选项，当需要输入点时，程序就会按设置的规则进行自动捕捉。

1）使用自动捕捉功能

在绘图的过程中，使用对象捕捉的频率非常高。为此，AutoCAD 又提供了一种自动对象捕捉模式。启用该模式后，当把光标放在一个对象上时，系统自动捕捉到对象上所有符合条件的几何特征点，并显示相应的标记。如果把光标放在捕捉点上并停留，系统还会显示捕捉的提示。这样，在选点之前，就可以预览和确认捕捉点。

要启用自动对象捕捉模式，可在"草图设置"对话框的"对象捕捉"选项卡中，选中"启用对象捕捉"复选框，然后在"对象捕捉模式"选项组中选择需要的捕捉对象，如图1-11所示。

2）通过"对象捕捉"工具栏捕捉对象

在绘图过程中，当要求指定点时，单击"对象捕捉"工具栏中相应的特征点按钮，再把光标移到要捕捉对象上的特征点附近，即可捕捉到相应的对象特征点。

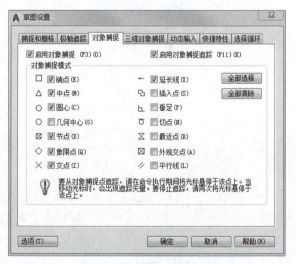

图1-11 "对象捕捉"选项卡

3）通过对象捕捉快捷菜单

当需要指定点时，可以在按住【Shift】键或【Ctrl】键的同时右击，打开对象捕捉快捷菜单。选择需要的命令，再把光标移到要捕捉对象的特征点附近，即可捕捉到相应的对象特征点。各子命令及快捷键说明如下：

（1）捕捉【F9】和栅格【F7】：必须配合使用。捕捉功能用于确定光标每次在X、Y方向移动的距离，栅格仅用于辅助定位，打开时屏幕上将布满栅格小点。可在"草图设置"对话框的"捕捉和栅格"选项卡中设置捕捉间距和栅格间距。

（2）正交【F8】：用于控制绘制直线的种类，启用此功能后只可以绘制垂直和水平直线。

（3）极轴【F10】：可以捕捉并显示直线的角度和长度，有利于绘制有角度的直线。

（4）对象捕捉【F3】：在绘制图形时可随时捕捉已绘图形上的关键点。

（5）对象追踪【F11】：配合对象捕捉使用，在光标下方显示捕捉点的提示（长度，角度）。

5．对象追踪

在AutoCAD中，自动追踪可按指定角度绘制对象，或者绘制与其他对象有特定关系的对象。自动追踪功能分为极轴追踪和对象捕捉追踪两种，极轴追踪按事先给定的角度增量追踪特征点；对象捕捉追踪则按与对象的某种特定关系进行追踪。

如果事先知道要追踪的方向，则使用极轴追踪；如果事先不知道具体的追踪方向，但知道该对象与其他对象的某种关系，则使用对象捕捉追踪。两种对象追踪方法可在"草图设置"对话框的"极轴追踪"选项卡中进行启用和设置，如图1-12所示。

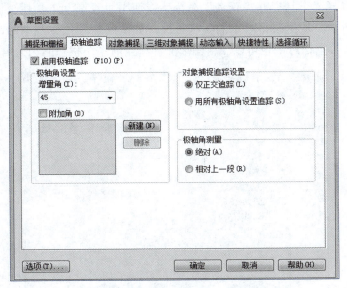

图1-12 "极轴追踪"选项卡

（1）使用"临时追踪点"和"捕捉自"功能。在"对象捕捉"工具栏中，还有两个非常有用的对象捕捉工具，即"临时追踪点"和"捕捉自"工具。

①"临时追踪点"工具：可在一次操作中创建多条追踪线，并根据这些追踪线确定需要定位的点。

②"捕捉自"工具：在使用相对坐标指定下一个应用点时，"捕捉自"工具可以提示输入基点，并将该点作为临时参照点，这与通过输入前缀@使用最后一个点作为参照点类似。它不是对象捕捉模式，但经常与对象捕捉一起使用。

（2）使用"自动追踪"功能。使用"自动追踪"功能可以快速且精准地定位点，在很大程度上提高了绘图效率。在AutoCAD中，要设置"自动追踪"功能选项，可在"选项"对话

框的"草图"选项卡的"自动追踪设置"选项组中进行设置,其中各选项的功能如下:

①"显示极轴追踪矢量"复选框:设置是否显示极轴追踪的矢量数据。

②"显示全屏追踪矢量"复选框:设置是否显示全屏追踪的矢量数据。

③"显示自动追踪工具栏提示"复选框:设置在追踪特征点时是否显示工具栏上的相应按钮的提示文字。

6．动态输入

AutoCAD的动态输入指可以在指针位置处显示标注输入和命令提示等信息,极大地方便了用户的绘图。启用或关闭动态输入功能可以在状态栏中单击动态输入按钮,或按【F12】键。

知识链接

查询

通过查询指令,可以测量选定对象或点序列的距离、半径、角度、面积和体积;计算面域或三维实体的质量特性。

在菜单栏中选择"工具"→"查询"命令,或使用"查询"工具栏查询对象特性和图形信息,如图1-13所示,从而获得对象的各种特性,如图层、颜色、线型等,以及对象的点坐标、距离、面积等数据信息,也可以获得图形文件和当前系统状态的相关信息。

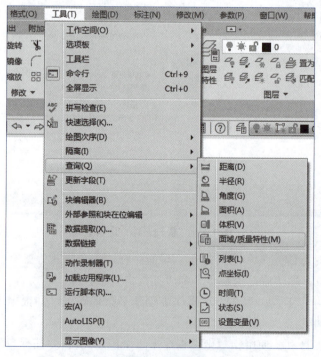

图 1-13　查询菜单

任务三　输入命令与操作视图

任务描述

AutoCAD是一个交互式命令输入软件，初学者应实时关注屏幕交互信息，及时回应屏幕反馈信息；同时掌握基本的命令输入操作，能够准确地对视图窗口做出有利于绘图的操作。

任务实施

一、基本输入操作

1. 命令输入方式

1）使用鼠标操作执行命令

在绘图窗口中，光标通常显示为十字线。当光标移至菜单选项、工具或对话框内时，则会变成一个箭头。无论光标是十字线还是箭头形式，当单击、右击或双击时，都会执行相应的命令或动作。在AutoCAD中，鼠标键按照下列规则定义：

（1）拾取键：指鼠标左键，用于指定屏幕上的点，也可以用于选择Windows对象、AutoCAD对象、工具栏按钮和菜单命令等。

（2）回车键：指鼠标右键，相当于【Enter】键，用于结束当前使用的命令，此时系统将根据当前绘图状态弹出不同的快捷菜单。

（3）弹出菜单：当使用【Shift】键和鼠标右键的组合时，系统将弹出一个快捷菜单，用于设置捕捉点的方法。

2）使用命令行

在 AutoCAD 2021中，默认情况下"命令行"是一个可固定的窗口，可以在当前命令行提示下输入命令、对象参数等内容。对大多数命令，命令行中可以显示执行完毕的两条命令提示（又称命令历史），而对于一些输出命令，如TIME、LIST 命令，需要在放大的"命令行"或"AutoCAD 文本"窗口中才能完全显示。

在"命令行"窗口中右击，弹出一个快捷菜单，通过它可以选择最近使用过的6个命令、复制选定的文字或全部命令历史记录、粘贴文字，以及打开"选项"对话框。

在命令行中，还可以使用【Backspace】或【Delete】键删除命令行中的文字；也可以选中命令历史，并执行"粘贴到命令行"命令，将其粘贴到命令行中。

3）使用快捷键

【F1】：激活帮助信息。

【F2】：在文本窗口与图形窗口间切换。

【F3】：切换自动目标捕捉状态。

【F4】：切换数字化仪状态。

【F5】：切换等轴测面的各个方式。

【F6】：切换坐标显示状态。

【F7】：切换栅格显示。
【F8】：切换正交状态。
【F9】：切换捕捉状态。
【F10】：切换极坐标角度自动跟踪功能。
【F11】：切换目标捕捉点自动跟踪功能。
【Ctrl+Z】：连续撤销执行过的命令，直至最后一次保存文件为止。
【Ctrl+X】：从图形中剪切选择集至剪贴板中。
【Ctrl+C】：从图形中复制选择集至剪贴板中。
【Ctrl+V】：将剪贴板中的内容粘贴至当前图形中。
【Ctrl+O】：打开已有的图形文件。
【Ctrl+P】：打印出图。
【Ctrl+N】：新建图形文件。
【Ctrl+S】：保存图形文件。
【Ctrl+K】：超链接。
【Ctrl+1】：显示或关闭目标属性管理器。
【Ctrl+Y】：恢复被撤销的内容。

4）使用系统变量

在AutoCAD中，系统变量用于控制某些功能以及设计环境、命令的工作方式，它可以打开或关闭捕捉、栅格或正交等绘图模式，设置默认的填充图案，或存储当前图形和AutoCAD配置的有关信息。

系统变量通常是6~10个字符长的缩写名称。许多系统变量有简单的开关设置。例如，GRIDMODE系统变量用于显示或关闭栅格，当在命令行的"输入GRIDMODE的新值<1>："提示下输入0时，可以关闭栅格显示；输入1时，可以打开栅格显示。有些系统变量则用于存储数值或文字，例如，DATE系统变量用于存储当前日期。

可以在"草图设置"对话框中修改常用系统变量，也可以直接在命令行中输入变量名以修改系统变量值。例如，要使用ISOLINES系统变量修改曲面的线框密度，可在命令行提示下输入该系统变量名称并按【Enter】键，然后输入新的值。

用"极轴"功能或输入坐标的方法可以绘制水平、竖直或倾斜直线；利用"对象捕捉"功能可以精确地捕捉对象的特征点；利用"对象追踪"功能可使光标沿指定的特征点进行正交和极轴追踪。

在AutoCAD中，无论是输入快捷命令、尺寸数字或其他字母，在输入完成后都需要按【Enter】键或【Space】键确认，否则输入的内容无效。

绘图过程中随时按【Esc】键，都可以终止当前操作；绘图结束后，按【Space】键或【Enter】键，可重复执行上一个命令，无论该命令是完成还是取消状态。

2．命令的重复、撤销、重做

命令的重复、撤销、重做类似于Word软件。在绘图和编辑过程中，屏幕上常常留下对象的拾取标记，这些临时标记并不是图形中的对象，有时会使当前图形画面显得混乱，这时就可以使用AutoCAD的"重画与重生成图形"功能清除这些临时标记。

1）重画图形

在AutoCAD中使用"重画"命令（REDRAW），系统将在显示内存中更新屏幕，消除临时标记，更新用户使用的当前视区。

2）重生成图形

重生成与重画在本质上是不同的，利用"重生成"命令可重新生成屏幕，此时系统从磁盘中调用当前图形的数据，比"重画"命令执行速度慢，更新屏幕花费时间较长。在AutoCAD中，某些操作只有在使用"重生成"命令后才生效，如改变点的格式等。如果一直使用某个命令修改和编辑图形，但该图形似乎看不出明显变化，此时可使用"重生成"命令更新屏幕显示。

使用"重生成"命令有以下两种形式：在菜单栏中选择"视图"→"重生成"命令（REGEN）可以更新当前视区；选择"视图"→"全部重生成"命令（REGENALL），可以同时更新多重视区。

3．使用透明命令

在AutoCAD中，透明命令是指在执行其他命令的过程中可以同时执行的命令。常使用的透明命令多为修改图形设置的命令或绘图辅助工具命令，如SNAP、GRID、ZOOM等。

要以透明方式使用命令，应在输入命令之前输入单引号（'）。命令行中，透明命令的提示前有一个双折号（>>）。完成透明命令后，将继续执行原命令。

4．数据的输入方法

AutoCAD中的坐标系分为世界坐标系（WCS）和用户坐标系（UCS），默认设置为世界坐标系。根据笛卡儿坐标系的习惯，沿X轴正方向向右为水平距离增加的方向，沿Y轴正方向向上为竖直距离增加的方向，垂直于XY平面，沿Z轴正方向从所视方向向外为Z轴距离增加的方向。

相对于世界坐标系，可以通过调用UCS命令创建无限多的用户坐标系。

（1）绝对直角坐标：从（0,0）点出发的位移，可以使用分数、小数或科学记数等形式表示点的X、Y坐标值，各坐标值间用逗号隔开，输入格式为"X,Y,Z"，如"12.5,5.0"或"-8.0,-6.7"等。

（2）绝对极坐标：从（0,0）点出发的位移，输入时需指出X轴方向上的点距（0,0）点的位移，以及该点和（0,0）点的连线与X轴正方向的夹角。位移和角度值之间用"<"分开，且规定X轴正向为0°，Y轴正向为90°，逆时针角度为正，顺时针角度为负。输入格式为"距离<角度"，如15<65、8<30都是合法的绝对极坐标。

（3）相对坐标：指相对于前一点的位移，其表示方法是在绝对坐标表达式前加@符号，如"@4,7"和"@16<30"。其中，相对极坐标中的角度是新点和上一点的连线与X轴正方向的夹角。

（4）相对直角坐标：以某点作为参考点定位点的相对位置，输入格式为"@ΔX,ΔY,ΔZ"。

（5）相对极坐标：以某点作为参考点定位点的相对位置，输入格式为"@距离<角度"。例如，要绘制长度为100、角度为45°的斜线，可在执行"直线"命令后在绘图区任意位置单击，然后输入相对极坐标"@100<45"，并按两次【Enter】键结束命令，或者利用"极轴"功能进行绘制。

二、视图操作

1．缩放视图

为了有效地观察图形的整体或细节，可使用"图形缩放"命令对图形进行缩放，这种缩

放只是显示缩放，图形在坐标系中的位置和真实大小并未改变。

缩放视图通过前、后滚动鼠标滚轮完成，当前、后滚动鼠标滚轮无法再进一步缩放视图时，可快速按动两次鼠标滚轮，然后再继续滚动鼠标滚轮；也可以利用绘图区右侧导航栏中的命令。

（1）"缩放"菜单和"缩放"工具栏。在AutoCAD中，在菜单栏中选择"视图"→"缩放"命令（ZOOM）中的子命令或使用"缩放"工具栏，即可缩放视图。通常在绘制图形的局部细节时，需要使用缩放工具放大该绘图区域，当绘制完成后，再使用缩放工具缩小图形观察图形的整体效果。常用的缩放命令或工具有"实时""窗口""动态""中心点"。

（2）实时缩放视图。在菜单栏中选择"视图"→"缩放"→"实时"命令，或在"标准"工具栏中单击"实时缩放"按钮，进入实时缩放模式，此时光标呈放大镜形状。此时向上拖动光标可放大整个图形；向下拖动光标可缩小整个图形；释放鼠标后停止缩放。

（3）窗口缩放视图。在菜单栏中选择"视图"→"缩放"→"窗口"命令，可以在屏幕上拾取两个对角点以确定一个矩形窗口，然后系统会将矩形范围内的图形放大至整个屏幕。

在使用窗口缩放时，如果系统变量REGENAUTO设置为关闭状态，则拾取区域与当前显示设置的界线相比显得过小。系统提示将重新生成图形，并询问是否继续，此时应选择"否"，并重新选择较大的窗口区域。

（4）动态缩放视图。在菜单栏中选择"视图"→"缩放"→"动态"命令，进入动态缩放模式，在屏幕中将显示一个带×的矩形方框。单击后，选择窗口中心的×消失，显示一个位于右边框的方向箭头，拖动鼠标可改变选择窗口的大小，以确定选择区域大小，最后按下【Enter】键，即可实现图形缩放。

（5）设置视图中心点。在菜单栏中选择"视图"→"缩放"→"中心点"命令，在图形中指定一点，然后设置一个缩放比例因子或高度值以显示一个新视图，而指定的点将作为该新视图的中心点。如果输入的数值比默认值小，会增大图像；如果输入的数值比默认值大，则会缩小图像。

要指定相对的显示比例，可输入带有X的比例因子数值。例如，输入2X将显示比当前视图大两倍的视图。如果正在使用浮动视口，则可以输入XP以相对于图纸空间进行比例缩放。

2．平移视图

使用"平移视图"命令，可以重新定位图形，以便看清图形的其他部分。此时不会改变图形中对象的位置或比例，只改变视图。平移视图可以通过按住鼠标滚轮并移动鼠标或利用绘图区右侧导航栏中的"平移"按钮完成。

（1）"平移"菜单。在菜单栏中选择"视图"→"平移"命令中的子命令，或单击"标准"工具栏中的"实时平移"按钮，或在命令行直接输入PAN命令，都可以实现视图平移。

使用"平移"命令平移视图时，视图的显示比例不变。除了可以上、下、左、右平移视图外，还可以使用"实时"和"定点"命令平移视图。

（2）实时平移。在菜单栏中选择"视图"→"平移"→"实时"命令进入实时平移模式，此时光标指针变成手形，按住鼠标左键并拖动，窗口内的图形即可按光标移动的方向移动。释放鼠标，可返回到平移等待状态。按【Esc】键或【Enter】键退出实时平移模式。

（3）定点平移。在菜单栏中选择"视图"→"平移"→"定点"命令进入定点平移模式，此时可以通过指定基点和位移值进行视图平移。

在AutoCAD中,"平移"功能又称摇镜,相当于将一个镜头对准视图,当镜头移动时,视口中的图形也跟着移动。

3. 命名视图

用户可以在一张工程图纸上创建多个视图,当需要观看、修改图纸上的某一部分视图时,将该视图恢复出来即可。

(1)命名视图。在菜单栏中选择"视图"→"命名视图"命令(VIEW),或在"视图"工具栏中单击"命名视图"按钮,打开"视图管理器"对话框。在该对话框中,用户可以创建、设置、重命名以及删除命名视图。其中,"当前视图"选项显示当前视图的名称;"查看"选项组的列表框中列出已命名的视图和可作为当前视图的类别。

(2)恢复命名视图。在AutoCAD中,可以一次命名多个视图,当需要重新使用一个已命名视图时,只需要将该视图恢复到当前视口即可。如果绘图窗口中包含多个视口,用户也可以将视图恢复到活动视口中,或将不同的视图恢复到不同的视口中,以同时显示模型的多个视图。

恢复视图时可以恢复视口的中点、查看方向、缩放比例因子和透视图(镜头长度)等设置,如果在命名视图时将当前的UCS随视图一起保存,当恢复视图时也可以恢复UCS。

4. 平铺视口

在绘图时,为了方便编辑,常常需要将图形的局部进行放大,以显示细节。当需要观察图形的整体效果,仅使用单一的绘图视口已无法满足需要时,可使用AutoCAD的平铺视口功能,将绘图窗口划分为若干视口,如图1-14所示。

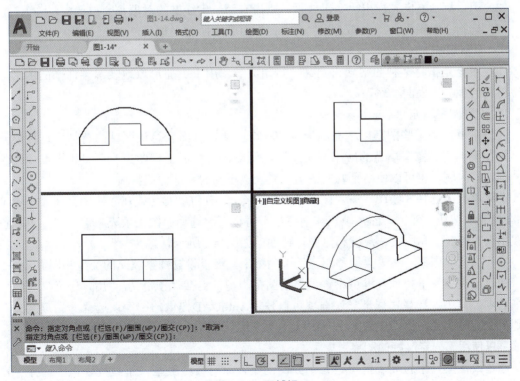

图 1-14 平铺视口

（1）平铺视口的特点。平铺视口是指把绘图窗口分成多个矩形区域，从而创建多个不同的绘图区域，其中每个区域都可用于查看图形的不同部分。在AutoCAD中，可以同时打开多达32 000个视口，屏幕上还可保留菜单栏和命令提示窗口。可选择"视图"→"视口"命令或直接使用"视口"工具栏，在模型空间创建和管理平铺视口。

（2）创建平铺视口。在菜单栏中选择"视图"→"视口"→"新建视口"命令（VPOINTS），或在"视口"工具栏中单击"显示视口对话框"按钮，打开"视口"对话框。使用"新建视口"选项卡可以显示标准视口配置列表和创建并设置新平铺视口。

例如，在创建多个平铺视口时，需要在"新名称"文本框中输入新建平铺视口的名称，在"标准视口"列表框中选择可用的标准视口配置，此时"预览"区域中将显示所选视口配置以及已赋给每个视口的默认视图的预览图像。

（3）分割与合并视口。在菜单栏中选择"视图"→"视口"→"一个视口"命令，可以将当前视口扩大到充满整个绘图窗口；选择"视图"→"视口"→"两个视口""三个视口""四个视口"命令，可以将当前视口分割为2个、3个或4个视口；选择"视图"→"视口"→"合并"命令，此时系统会要求选定一个视口作为主视口，然后选择一个相邻视口，并将该视口与主视口合并。

5．选择对象

在AutoCAD中，在对对象进行编辑之前必须先选择对象，选择对象的方法有以下四种：
（1）直接拾取法，在需要选择对象的任一部分单击即可选中对象，按【Esc】键退出选择。
（2）用鼠标从左向右拖出一个实线框，则所有完全包含在此框内的对象都会被选中。
（3）用鼠标从右向左拖出一个虚线框，则所有经过虚线框的对象都会被选中。
（4）选择"编辑"→"全部选择"命令，即可选中所有对象。

6．图案填充

图案填充是指将某种图案填充到某一封闭区域，用于更加形象地表示零件剖面图形，以体现材料的种类、表面纹理等。

1）设置图案填充

通过重复绘制某些图案以填充图形中的一个区域，从而表达该区域的特征，这种填充操作称为图案填充。图案填充的应用非常广泛，例如，在机械工程图中，可以用图案填充表达一个剖切的区域，也可以使用不同的图案填充表达不同的零部件或材料。

在菜单栏中选择"绘图"→"图案填充"命令（BHATCH），或在"绘图"工具栏中单击"图案填充"按钮，弹出"图案填充和渐变色"对话框，选择"图案填充"选项卡，可以设置图案填充时的类型和图案、角度和比例等特性，如图1-15所示。

（1）类型和图案。在"类型和图案"选项组中，可以设置图案填充的类型和图案。

通过"类型"下拉列表框可设置填充的图案类型，包括"预定义""用户定义""自定义"三个选项。其中，选择"预定义"选项可以使用AutoCAD提供的图案；选择"用户定义"选项则需要临时定义图案，该图案由一组平行线或相互垂直的两组平行线组成；选择"自定义"选项可以使用事先定义好的图案。

通过"图案"下拉列表框可设置填充的图案，只有在"类型"下拉列表框中选择"预定义"时该选项可用。在该下拉列表框中可以根据图案名称选择图案，也可以单击其后的按钮，在弹出的"填充图案选项板"对话框中进行选择。

图 1-15 "图案填充"选项卡

"样例"预览窗口中显示当前选中的图案样例，单击所选的样例图案，也可打开"填充图案选项板"对话框选择图案。

通过"自定义图案"下拉列表框可选择自定义图案，只有在"类型"下拉列表框中选择"自定义"类型时该选项可用。

（2）角度和比例。在"角度和比例"选项组中，可以设置用户定义类型后的图案的填充角度和比例等参数。

单击"角度"下拉列表框可设置填充图案的旋转角度，每种图案的默认旋转角度都为0。

单击"比例"下拉列表框可设置图案填充时的比例值，每种图案的初始比例为1，可以根据需要放大或缩小。在"类型"下拉列表框中选择"用户自定义"时该选项不可用。

当在"类型"下拉列表框中选择"用户定义"选项时，选中"双向"复选框，可以使用相互垂直的两组平行线填充图形；否则为一组平行线。

"相对图纸空间"复选框可设置比例因子是否为相对于图纸空间的比例。

"间距"文本框可设置填充平行线之间的距离，只有在"类型"下拉列表框中选择"用户自定义"时该选项可用。

"ISO笔宽"下拉列表框可设置笔的宽度，只有当填充图案采用ISO图案时该选项可用。

（3）图案填充原点。在"图案填充原点"选项组中，可以设置图案填充原点的位置，这是为了满足许多图案填充需要对齐填充边界上的某一个点的要求。

选中"使用当前原点"单选按钮可以使用当前UCS的原点（0,0）作为图案填充原点。

选中"指定的原点"单选按钮可以通过指定点作为图案填充原点。其中，单击"单击以设置新原点"按钮，可以从绘图窗口中选择某一点作为图案填充原点；选中"默认为边界范围"复选框，可以以填充边界的左下角、右下角、右上角、左上角或圆心作为图案填充原点；选中"存储为默认原点"复选框，可以将指定的点存储为默认的图案填充原点。

（4）边界。在"边界"选项组中包含"拾取点""选择对象""删除边界"等按钮。

单击"拾取点"按钮可以以拾取点的形式指定填充区域的边界。单击该按钮切换到绘图窗口，可在需要填充的区域内任意指定一点，系统会自动计算出包围该点的封闭填充边界，同时亮显该边界；如果在拾取点后系统不能形成封闭的填充边界，则会显示错误提示信息。

单击"选择对象"按钮将切换到绘图窗口，可以通过选择对象的方式定义填充区域的边界。

单击"删除边界"按钮可以取消系统自动计算或用户指定的边界。

单击"重新创建边界"按钮可重新创建图案填充边界。

单击"查看选择集"按钮可切换到绘图窗口，已定义的填充边界将亮显，方便查看。

（5）其他选项功能。在"选项"选项组中，"关联"复选框可用于创建内部填充图案与其填充边界相关联的情形，即边界变化时图案也随之更新并填充；"创建独立的图案填充"复选框用于创建独立的图案进行填充；"绘图次序"下拉列表框可指定图案填充的绘图顺序，图案填充可以放在图案填充边界及所有其他对象之后或之前。

此外，单击"继承特性"按钮，可以将现有图案填充或填充对象的特性应用到其他图案填充或填充对象；单击"预览"按钮，可以使用当前图案填充设置显示当前定义的边界，单击图形或按【Esc】键返回对话框，单击"确定"按钮、右击或按【Enter】键接受图案填充。图案填充实例如图1-16所示。

（6）设置孤岛和边界。在进行图案填充时，通常将位于一个已定义好的填充区域内的封闭区域称为孤岛。单击"图案填充和渐变色"对话框右下角的 ⊙ 按钮，将显示更多选项，可以对孤岛和边界进行设置。

（7）使用渐变色填充图形。使用"图案填充和渐变色"对话框的"渐变色"选项卡，可以创建单色或双色渐变色，并对图案进行填充。

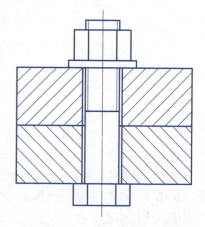

图 1-16 图案填充实例

2）编辑图案填充

创建图案填充后，如果需要修改填充图案或修改图案区域的边界，可在菜单栏中选择"修改"→"对象"→"图案填充"命令，然后在绘图窗口中单击需要编辑的图案填充，弹出"图案填充编辑"对话框。该对话框与"图案填充和渐变色"对话框的内容完全相同，只是定义填充边界和对孤岛操作的某些按钮不再可用。

3）分解图案

图案是一种特殊的块，称为"匿名"块，无论形状多复杂，它都是一个单独的对象。可以在菜单栏中选择"修改"→"分解"命令分解一个已存在的关联图案。

图案被分解后，它将不再是一个单一对象，而是一组组成图案的线条。同时，分解后的图案也失去了与图形的关联性，因此，将无法使用"图案填充"命令进行编辑。

7．打印输出

（1）在CAD图纸界面，单击左上角的打印按钮，弹出"打印-模型"对话框。

（2）在左侧"打印机/绘图仪"下拉列表框中选择使用的打印机。

（3）在"图纸尺寸"下拉列表框中，选择需要打印的图纸类型。

（4）选择需要打印的图纸范围。

（5）单击"居中打印"按钮，使打印出的图纸位于纸张的中间位置。

（6）单击"布满图纸"按钮，使打印出的图纸布满整张图纸。

（7）根据图纸的规格大小选择图纸的方向为横向或纵向。

（8）单击左下角的"预览"按钮进行效果查看。

（9）查看无误后，单击"打印"按钮即可完成打印。

知识链接

1．面域

1）创建面域

在AutoCAD中，可以将由某些对象围成的封闭区域转换为面域，这些封闭区域可以是圆、椭圆、封闭的二维多段线或封闭的样条曲线等对象，也可以是由圆弧、直线、二维多段线、椭圆弧、样条曲线等对象构成的封闭区域。

在菜单栏中选择"绘图"→"面域"命令（REGION），或在"绘图"工具栏中单击"面域"按钮，然后选择一个或多个用于转换为面域的封闭图形，按【Enter】键即可将它们转换为面域。因为圆、多边形等封闭图形属于线框模型，而面域属于实体模型，因此它们在选中时表现的形式也不相同。

在菜单栏中选择"绘图"→"边界"命令（BOUNDARY），弹出"边界创建"对话框，在"对象类型"下拉列表框中选择"面域"选项，单击"确定"按钮后创建的图形将是一个面域，而不是边界。

2）面域的布尔运算

布尔运算的对象只包括实体和共面的面域，对于普通的线条图形对象无法使用布尔运算。在菜单栏中选择"修改"→"实体编辑"命令，可以对面域进行以下布尔运算：

（1）并集：创建面域的并集，连续选择需要进行并集操作的面域对象，最后按【Enter】键，即可将选择的面域合并为一个图形并结束命令，如图1-17（a）所示。

（2）差集：创建面域的差集，使用一个面域减去另一个面域，如图1-17（b）所示。

（3）交集：创建多个面域的交集即各个面域的公共部分，此时需要同时选择两个或两个以上面域对象，然后按【Enter】键即可，如图1-17（c）所示。

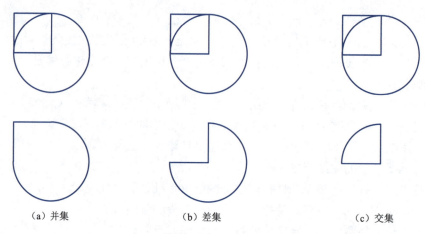

(a) 并集　　　　　　　　(b) 差集　　　　　　　　(c) 交集

图 1-17　布尔运算

2．从面域中提取数据

从表面上看，面域和一般的封闭线框没有区别，就像是一张没有厚度的纸。实际上，面域是二维实体模型，不但包含边的信息，还有边界内的信息。可以利用这些信息计算工程属性，如面积、质心、惯性等。

在 AutoCAD 中，在菜单栏中选择"工具"→"查询"→"面域/质量特性"命令（MASSPROP），然后选择面域对象并按【Enter】键，系统将自动切换到"AutoCAD文本"窗口，显示面域对象的数据特性。

项目二 绘制平面图形

　　本项目将引导学生探索AutoCAD软件的基本功能，学习如何利用这些工具绘制精确的平面图形。从绘制简单图形、绘制阵列类图形、绘制缩放类图形、绘制辅助线、补画三视图这五类任务介绍平面图形的绘制方法，学习最基本的绘图指令，逐步深入到更加复杂的图形编辑命令，让学生不仅能够掌握软件的操作，更能理解其背后的图形分析方法。通过本项目的学习，学生将提升空间想象能力和几何图形处理能力，为未来的工程挑战做好准备。

知识目标
1. 掌握常用绘图指令的使用方法；
2. 掌握二维基本绘图及图形编辑命令。

能力目标
1. 提升空间想象能力和几何图形处理能力；
2. 掌握使用AutoCAD软件绘制简单图形的方法；
3. 培养通过AutoCAD软件解决复杂图形问题的能力；
4. 掌握利用快捷键提升绘图效率的技巧。

素质目标
1. 培养工程专业素养和科学的思维方式；
2. 培养严谨认真的科学思维方式；
3. 提高创新意识和实践能力；
4. 树立工程意识和社会责任感。

任务一　绘制简单图形

任务描述

　　完成图2-1所示图形的绘制，使用直线和圆形等绘图指令，以及偏移、复制和修剪等修改指令。

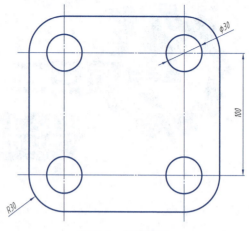

图 2-1 任务图形

任务实施

1．设置绘图环境

（1）打开软件，设置图形界限。

（2）设置图层。

2．绘制图形

主要任务为绘制中心线定位，偏移100，绘制ϕ30和R30的圆。

1）绘制直线

启用正交模式，单击"绘图"工具栏上的直线按钮，此时光标会变成十字形，在屏幕上任选一点并单击，根据提示"指定下一点"输入"@150,0"，按【Enter】键或【Esc】键，绘制出一条水平直线；利用同样方法绘制竖直直线，第二点输入"@0,-150"，得到图2-2所示交叉直线。

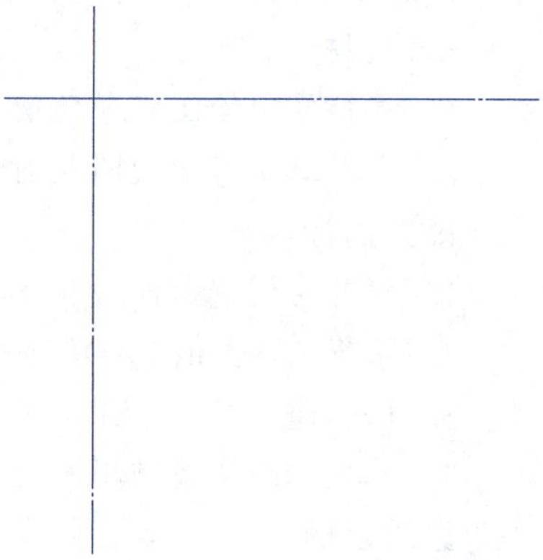

图 2-2 交叉直线绘制

2）偏移

（1）单击"绘图"工具栏中的"偏移"按钮，执行"偏移"命令。

（2）提示"指定偏移距离或[通过(T)/删除(E)/图层(L)] <通过>："时，设置偏移距离值100，并按【Enter】键。

（3）提示"选择要偏移的对象，或[退出(E)/放弃(U)] <退出>："时，选取水平直线作为偏移对象。

（4）提示"指定要偏移的那一侧上的点，或[退出(E)/多个(M)/放弃(U)] <退出>:"时，在直线下方选择任意一点，得到距离100的中心线。

利用同样方法绘制另一条中心线，得到图2-3所示中心线。

3）绘制圆

单击"绘图"工具栏中的"绘制圆"按钮，或在菜单栏中选择"绘图"→"圆"命令，或在命令行输入CIRCLE（C）并按【Enter】键。

```
指定圆的圆心或[三点(3P)/两点(2P)/相切、相切、半径(T)]:（选择交点）
指定圆的半径或[直径(D)]: 30
指定圆的圆心或[三点(3P)/两点(2P)/相切、相切、半径(T)]:（选择交点）
指定圆的半径或[直径(D)]: 15
```

得到图2-4所示图形。

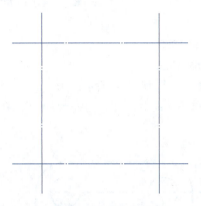

图 2-3 中心线绘制

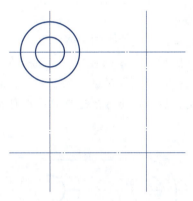

图 2-4 绘制圆

4）复制圆

（1）输入COPY命令。

（2）提示"选择对象:"时，选择两个圆。

（3）提示"选择对象:"时，按【Enter】键结束选择。

（4）提示"指定基点或[位移(D)] <位移>:"时，指定基点即圆心。

（5）提示"第二个点或<使用第一个点作为位移>:"时，依次选择其他三个交点为圆心。

（6）按【Enter】键结束命令，得到图2-5所示图形。

使用直线命令，连接四条直线，修剪、删除后得到图2-6所示图形。

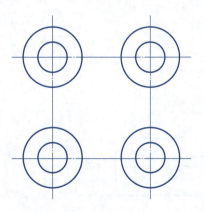

图 2-5 复制圆

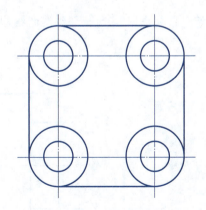

图 2-6 绘制直线

5）修剪

（1）单击"修剪"按钮或输入TRIM命令。

（2）显示当前模式为"当前设置:投影=UCS；边=无选择剪切边..."。

（3）提示"选择对象或<全部选择>:"时，按【Enter】键表示全选。

（4）提示"选择对象:"时，按【Enter】键结束边界选择。

（5）提示"选择要修剪的对象，或按住【Shift】键选择要延伸的对象，或[栏选(F)/窗交(C)/投影(P)/边(E)/删除(R)/放弃(U)]:"时，分别选择每个圆的被修剪部分。

（6）提示"选择要修剪的对象，或按住【Shift】键选择要延伸的对象，或[栏选(F)/窗交(C)/投影(P)/边(E)/删除(R)/放弃(U)]:"时，按【Enter】键结束命令，得到图2-7所示图形。

6）删除

（1）单击工具栏中的"删除"按钮 或输入ERASE命令。

（2）提示"选择对象:"时，选择四个圆弧作为删除对象。

（3）提示"选择对象:"时，按【Enter】键结束命令，得到图2-8所示图形。

思考：除了以上方法还可以采用什么指令进行绘制？（提示：可采用矩形绘制、圆角工具等）。

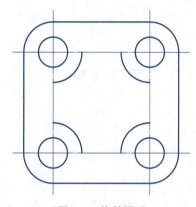
图2-7　修剪圆弧

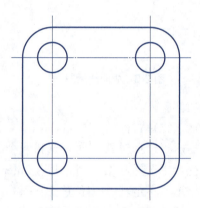
图2-8　删除圆弧

绘图训练

训练一：完成图2-9所示训练图的绘制。

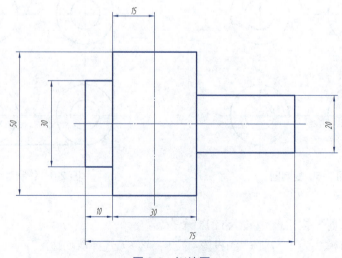
图2-9　训练图

利用直线命令分别绘制中心线和左侧竖直直线，使用偏移命令将左侧直线分别偏移10、15、15、35，得到另四条竖线，如图2-10所示；将中心线上下各偏移10、15、25，得到六条水平线，如图2-11所示；修剪后得到图2-12所示图形；最后进行尺寸标注得到图2-9所示任务图。

图2-10　绘制中心线与竖直直线

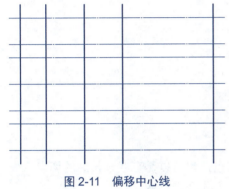

图2-11　偏移中心线

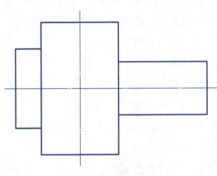

图2-12　修剪图形

知识链接

一、绘制直线

直线的绘制有以下两种方法：

（1）单击"绘图"工具栏中的"直线"按钮，此时光标会变成十字形，在屏幕上任选一点并单击，向右拖动鼠标，会拖出一条直线（拖动时，光标旁会出现一个动态输入框，提示输入点的坐标、偏移值及角度），再次单击，即可绘制一条直线。继续拖动鼠标，可以绘制下一条直线。单击，确定该条直线的端点；右击，或按【Esc】键退出。

（2）在命令行输入LINE命令，根据提示输入第一点位置"100,100"。在这种模式下输入坐标默认为相对偏移，如输入"50,0"，实际上是"@50,0"即相对上一点水平偏移为50，垂直偏移为0。

如果需要输入绝对坐标，可以输入"#150,200"，即绝对坐标为（150,200）的点，再指定下一点。为了方便，可暂时关闭动态输入窗口，此时默认为绝对坐标的输入方式。

二、绘制圆

圆在绘图过程中是使用最多的基本图形元素之一。AutoCAD可以用多种方法绘制圆。

1．命令调用

单击"绘图"工具栏中的"绘制圆"按钮⊙，或在菜单栏中选择"绘图"→"圆"命令，或在命令行输入CIRCLE（C）并按【Enter】键。

执行绘制圆命令后出现如下提示：

指定圆的圆心或[三点(3P)/两点(2P)/相切、相切、半径(T)]：

（1）指定圆的圆心：输入圆心。

（2）三点(3P)：指定圆周上的三点画圆。

（3）两点(2P)：指定直径上的两点画圆。

（4）相切、相切、半径(T)：指定与绘制的圆相切的两个元素，再定义圆的半径。圆的半径值必须不小于两元素之间的最短距离。

AutoCAD 2021提供了六种画圆的方法，在以上提示中，均有几个选项，若进行组合，即为下拉菜单中弹出的六种不同的定义圆的方式：

（1）圆心、半径。

（2）圆心、直径。

（3）两点。

（4）三点。

（5）相切、相切、半径。

（6）相切、相切、相切。

2．说明

（1）相切于直线时，不一定和直线有明显的切点，也可以是直线延长后的切点。

（2）指定圆心或其他某点时可以配合对象捕捉方式准确绘图。

3．举例

（1）用"圆心、直径"方式绘制圆，直径为50，如图2-13所示。

命令：CIRCLE↙
指定圆的圆心或[三点(3P)/两点(2P)/相切、相切、半径(T)]：（指定点O）
指定圆的半径或[直径(D)]<22>：D↙
指定圆的直径<44>：50↙

（2）用"相切、相切、半径"方式绘制圆，半径为30，如图2-14所示。

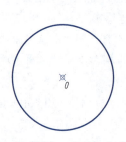 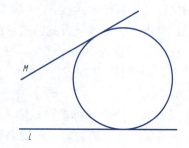

图2-13 用"圆心、直径"方式绘制圆　　图2-14 用"相切、相切、半径"方式绘制圆

若想绘制一个与两个现存实体（如两个圆或弧、两条直线、一个圆或弧和一条直线）相切的圆，可采用"相切、相切、半径"即绘制公切圆的方式进行。

```
命令：CIRCLE↙
指定圆的圆心或[三点(3P)/两点(2P)/相切、相切、半径(T)]：T↙
在对象上指定一点作为圆的第一条切线：（指定直线L）
在对象上指定一点作为圆的第二条切线：（指定直线M）
指定圆的半径<25.000>：30↙
```

（3）用"相切、相切、相切"方式绘制圆，如图2-15所示。

若想绘制一个与三个现存实体（如三个圆、三条直线、一个圆和两条直线）相切的圆，可采用"相切、相切、相切"的方式进行。在菜单栏中选择"绘图"→"圆"→"相切、相切、相切"命令。

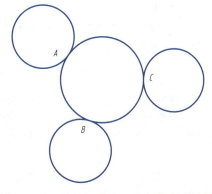

```
指定圆上的第一点：_tan到（选取圆A）
指定圆上的第二点：_tan到（选取圆B）
指定圆上的第三点：_tan到（选取圆C）
```

图2-15　用"相切、相切、相切"方式绘制圆

（4）绘制圆的切线

① 使用绘制圆命令绘制一个半径为50的圆。

② 使用直线命令，在屏幕上随意指定第一个点，在工具栏上右击弹出工具栏菜单，选择"对象捕捉"命令。

③ 在"对象捕捉"工具栏中选择"捕捉到切点"命令，移动光标靠近圆，可以看见圆上出现的黄色切点提示小圆，单击后右击，完成切线的绘制。

三、绘制矩形

矩形是绘制平面图形时常用的简单图形，也是构成复杂图形的基本图形元素。可通过定义矩形的两个对角点绘制矩形，同时可以设定其宽度、圆角和倒角等。

1．命令调用

单击"绘图"工具栏中的"矩形"按钮□，或在菜单栏中选择"绘图"→"矩形"命令，或在命令行输入RECTANG（REC）并按【Enter】键。

执行绘制矩形命令后出现如下提示：

```
指定第一个角点或[倒角(C)/标高(E)/圆角(F)/厚度(T)/宽度(W)]：
```

（1）指定第一个角点：确定矩形第一个角的位置，是系统的默认选项。

（2）倒角(C)：确定矩形的倒角尺寸。

（3）标高(E)：确定矩形的绘图标高，主要用于三维图形。

（4）圆角(F)：确定矩形的圆角尺寸。

（5）厚度(T)：确定矩形的厚度，主要用于三维图形。

（6）宽度(W)：确定矩形多段线的宽度。

输入第一个角点，提示"指定另一个角点或[尺寸(D)]："时，输入另一个角点，完成矩形的绘制；或选择D选项，输入矩形的长和宽以创建矩形。

2．说明

（1）用矩形命令绘制的矩形由多段线组成，编辑时为一整体。可以通过分解命令使之分解成单个的线段，同时失去线宽性质。

（2）线宽是否填充与系统变量Fillmode的设置有关。

3．举例

（1）指定矩形的长和宽绘制矩形，如图2-16所示。

```
命令：REC↙
指定第一个角点或[倒角(C)/标高(E)/圆角(F)/厚度(T)/宽度(W)]：（选取点A）
指定另一个角点或[尺寸(D)]：D↙
指定矩形的长度：100↙
指定矩形的宽度：80↙
指定另一个角点或[尺寸(D)]：（在A点右下方选取一点）
```

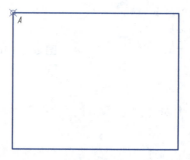

图2-16　指定矩形的长和宽绘制矩形

（2）给出倒角、圆角、宽度绘制矩形，如图2-17所示。

```
命令：REC↙
指定第一个角点或[倒角(C)/标高(E)/圆角(F)/厚度(T)/宽度(W)]：C↙
指定矩形的第一个倒角距离：10↙
指定矩形的第二个倒角距离：10↙
指定第一个角点或[倒角(C)/标高(E)/圆角(F)/厚度(T)/宽度(W)]：（选取点B）
指定另一个角点或[尺寸(D)]：（选取点C）
```

绘制结果如图2-17（a）所示。

```
命令：REC↙
指定第一个角点或[倒角(C)/标高(E)/圆角(F)/厚度(T)/宽度(W)]：F↙
指定矩形的圆角半径：10↙
指定第一个角点或[倒角(C)/标高(E)/圆角(F)/厚度(T)/宽度(W)]：（选取点D）
指定另一个角点或[尺寸(D)]：@50,-70
```

绘制结果如图2-17（b）所示。

```
命令：REC↙
指定第一个角点或[倒角(C)/标高(E)/圆角(F)/厚度(T)/宽度(W)]：W↙
指定矩形的线宽：8↙
指定第一个角点或[倒角(C)/标高(E)/圆角(F)/厚度(T)/宽度(W)]：（选取点E）
指定另一个角点或[尺寸(D)]：（选取点F）
```

绘制结果如图2-17（c）所示。

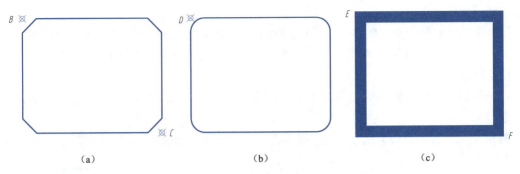

图 2-17　给出倒角、圆角、宽度绘制矩形

四、偏移对象

在AutoCAD 2021中，可以使用"偏移"命令建立一个与选择对象相似的另一个平行对象。当等距偏移一个对象时，需指出等距偏移的距离和偏移方向，也可以指定一个偏移对象通过的点。"偏移"命令可以平行复制圆弧、直线、圆、样条曲线和多段线。若偏移的对象为封闭体，则偏移后图形被放大或缩小，原实体不变。

1. 命令调用

在菜单栏中选择"修改"→"偏移"命令，或单击"修改"工具栏中的"偏移"按钮⊂，或在命令行输入OFFSET（O）。

执行"偏移"命令后，系统出现如下提示：

指定偏移距离或[通过(T)/删除(E)/图层(L)]：

（1）偏移距离：指定偏移的距离（用于复制对象时，距离值必须大于0）。

（2）通过(T)：指定偏移对象通过的点。

（3）删除(E)：设置是否删除源对象。

（4）图层(L)：设置是否在源对象所在图层偏移。

2. 说明

（1）偏移多段线或样条曲线时，将偏移所有选定顶点的控制点，如果把某个顶点偏移到样条曲线或多段线的一个锐角内，则可能出错。

（2）点、图块、属性和文字不能被偏移。

（3）"偏移"命令每次只能用直接单击的方式一次选择一个实体进行偏移复制，若要多次用同样距离偏移同一对象，可使用"阵列"命令。

3. 举例

用"偏移"命令将图2-18（a）所示的圆向内向外各偏移6个单位，结果如图2-18（b）所示。

（1）执行"偏移"命令。

（2）提示"指定偏移距离或[通过(T)/删除(E)/图层(L)]<通过>："时，设置偏移距离值6，并按【Enter】键。

（3）提示"选择要偏移的对象，或[退出(E)/放弃(U)]<退出>："时，选取偏移对象圆。

（4）提示"指定要偏移的那一侧上的点，或[退出(E)/多个(M)/放弃(U)]<退出>："时，选取圆内侧或圆外侧点。

（5）提示"选择要偏移的对象，或[退出(E)/放弃(U)]<退出>："时，再次选取偏移对象。

（6）提示"指定要偏移的那一侧上的点，或[退出(E)/多个(M)/放弃(U)]<退出>："时，继续选取内侧或外侧点。

（7）提示"选择要偏移的对象，或[退出(E)/放弃(U)]<退出>："时，按【Enter】键结束偏移命令。

图2-18（c）、（d）、（e）所示分别为偏移直线、偏移矩形和偏移多段线的情况。

图 2-18 偏移对象

默认情况下，需要指定偏移距离，再选择要偏移复制的对象，然后指定偏移方向，最后复制出对象。如果通过某点绘制平行线，可以选择"通过(T)"选项，而不是偏移距离，本书项目三锥形塞绘制中1:7锥度的斜线就是这样绘制的。

五、修剪对象

在AutoCAD 2021中，可以使用"修剪"命令修剪对象。待修剪的目标沿一个或多个实体限定的切割边处被剪掉，被修剪的对象可以是直线、圆弧、多段线、样条曲线和射线等。使用时首先要选择切割边或边界，然后再选择要剪裁的对象。

1．命令调用

在菜单栏中选择"修改"→"修剪"命令，或单击"修改"工具栏中的"修剪"按钮 ，或在命令行输入TRIM（T）。

执行"修剪"命令后，系统出现如下提示：

[剪切边(T)/窗交(C)/模式(O)/投影(P)/删除(R)]：

（1）剪切边(T)：选择剪切边。

（2）窗交(C)：选择矩形区域内部或与之相交的对象。

（3）模式(O)：确定对象是在另一对象的延长边处进行修剪，还是仅在三维空间中与该对象相交的对象处进行修剪。

（4）投影(P)：指定修剪对象时使用的投影方法。

（5）删除(R)：删除选定的对象，用于删除不需要的对象的简便方式，无须退出"修剪"命令。

2．说明

（1）"修剪"命令还可以剪切尺寸标注线。

（2）被修剪对象本身也可以是剪切边。

（3）"修剪"命令允许修剪同一边界内外侧的多个实体。

3. 举例

修剪图2-19（a）所示的图形，使结果如图2-19（b）所示。

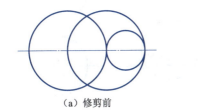 

（a）修剪前　　　　　　　　　（b）修剪后

图 2-19　修剪对象

（1）执行"修剪"命令。

（2）显示当前模式为"当前设置:投影=UCS，边=无选择剪切边..."。

（3）提示"选择对象或<全部选择>:"时，框选三个圆和一条直线。

（4）提示"选择对象:"时，按【Enter】键结束边界选择。

（5）提示"选择要修剪的对象，或按住【Shift】键选择要延伸的对象，或[栏选(F)/窗交(C)/投影(P)/边(E)/删除(R)/放弃(U)]:"时，分别选择每个圆需要修剪的部分。

（6）提示"选择要的修剪对象，或按住【Shift】键选择要延伸的对象，或[栏选(F)/窗交(C)/投影(P)/边(E)/删除(R)/放弃(U)]:"时，按【Enter】键结束命令。

六、复制对象

在AutoCAD 2021中，可以使用"复制"命令创建与原有对象相同的图形。

1. 命令调用

在菜单栏中选择"修改"→"复制"命令，或单击"修改"工具栏中的"复制"按钮，或在命令行输入COPY（CO/CP）。

执行"复制"命令后，系统出现如下提示：

指定基点，或[位移(D)/重复(M)]：

（1）基点：指定对象的基准点，基点可以指定在被复制的对象上，也可以不指定在被复制的对象上。

（2）位移(D)：当用户指定基点后，系统继续提示"指定位移的第二点或<用第一点作位移>"，此时用户需要指定第二点，第一点和第二点之间的距离即为位移。

（3）重复(M)：替代"单个"设置模式，在命令执行期间，将复制命令设置为自动重复。

2. 说明

（1）如果选择"位移"选项复制图形对象，这时的位移量是指相对距离，不必使用@符号。

（2）"复制"命令默认的是Multiple（多次）模式，系统会一直重复提示复制，直至用户按【Enter】键结束。

3. 举例

用复制命令将图2-20（a）中的圆从A位置复制到圆心位于B、C的位置，绘制结果如图2-20（b）所示。

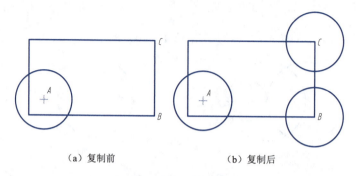

(a) 复制前　　　　　　　　（b) 复制后

图 2-20　复制对象

(1) 执行COPY命令。

(2) 提示"选择对象:"时，选择目标。

(3) 提示"选择对象:"时，按【Enter】键结束选择。

(4) 提示"指定基点或[位移(D)] <位移>:"时，指定基点A。

(5) 提示"第二个点或<使用第一个点作为位移>:"时，依次选择点B、点C。

(6) 提示"指定第二个点或[退出(E)/放弃(U)]<退出>:"时，按【Enter】键结束命令。

七、删除对象

在AutoCAD 2021中，可以用"删除"命令删除选中的对象。

1. 命令调用

在菜单栏中选择"修改"→"删除"命令，或单击"修改"工具栏中的"删除"按钮，或在命令行输入ERASE（E）。

2. 说明

(1) 当使用"删除"命令后，需要选择被删除的对象，然后按【Enter】键或【Space】键结束对象选择，同时删除已选择的对象。如果在"选项"对话框的"选择"选项卡中，选中"选择模式"选项组中的"先选择后执行"复选框，就可以先选择对象，然后单击"删除"按钮进行删除，如图2-21所示。

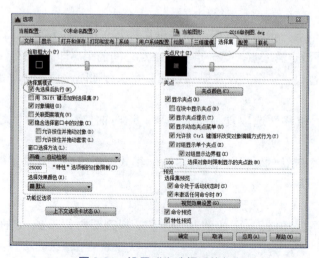

图 2-21　设置"先选择后执行"

（2）"删除"命令可将选中的实体擦去而使之消失，与之对应的另外两条命令则可将刚擦除的实体恢复。一是用UNDO命令，它通过取消"删除"操作恢复擦除的实体；另一个是OOPS命令，它并未取消"删除"命令的结果，而是将刚擦除的实体恢复。

3．举例

用"删除"命令删除图2-21（a）中的圆，结果如图2-21（b）所示。

（1）执行"删除"命令。

（2）提示"选择对象:"时，选择删除目标圆。

（3）提示"选择对象:"时，按【Enter】键结束命令。

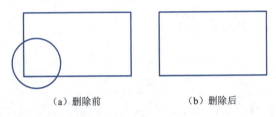

（a）删除前　　　　　　（b）删除后

图 2-22　删除对象

八、移动对象

在AutoCAD 2021中，可以使用"移动"命令进行对象的重定位，这种移动并不改变对象的尺寸和方位。

1．命令调用

在菜单栏中选择"修改"→"移动"命令，或单击"修改"工具栏中的"移动"按钮 ✣，或在命令行输入MOVE（M）。

执行"移动"命令后出现提示："指定基点或位移:"，其含义如下：

（1）基点：确定对象的基准点，基点可以指定在被移动的对象上，也可以不指定在被移动的对象上。

（2）位移：指定的两个点（基点和第二点）定义了一个位移矢量，指明被选定对象的距离和移动方向。

2．说明

（1）使用"位移"命令移动图形对象，这时移动量是指相对距离，不必使用@符号。

（2）"拉伸"命令在对实体进行完全选择时，也可以实现与"移动"命令相同的效果。

（3）选择要移动的对象后，右击并拖动到某位置释放，可弹出快捷菜单，选择"移动到此处"命令即可移动对象。

3．举例

用"移动"命令将图2-23（a）所示的六边形和小圆移至大圆内，结果如图2-23（b）所示。

（1）执行"移动"命令。

（2）提示"选择对象:"时，选择六边形和小圆。

（3）提示"选择对象:"时，按【Enter】键结束选择对象。

（4）提示"指定基点或[位移(D)] <位移>:"时，指定小圆的中心点。

（5）提示"指定第二个点或<使用第一个点作为位移>:"时，指定大圆的中心点。

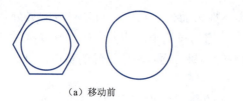

(a)移动前　　　　　　　　　　（b)移动后

图 2-23　移动对象

任务二　绘制阵列类图形

任务描述

使用"环形阵列"命令快速绘制图2-24所示的任务图形,该图形由8段相同的圆弧构成。

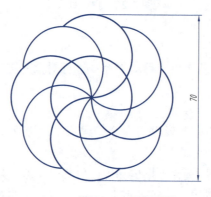

图 2-24　任务图形

任务实施

(1) 先绘制一个直径为35的圆,然后向上复制,如图2-25所示。
(2) 本任务可以使用"旋转"命令进行绘制,但操作过程烦琐,因此可以使用"环形阵列"命令,阵列出8个圆,如图2-26所示,这样能有效降低绘图难度。

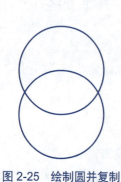

图 2-25　绘制圆并复制　　　　　　图 2-26　环形阵列

（3）使用"修剪"命令，修剪出一段圆弧，并删除多余的圆，如图2-27所示。
（4）再次使用"环形阵列"命令，阵列出8个圆弧，添加尺寸标注，如图2-28所示。

图2-27 修剪和删除

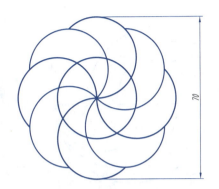

图2-28 环形阵列

绘图训练

训练一：绘制图2-29所示图形。操作提示：图2-29中间为6等分，可使用"定数等分"命令分段；连续曲线可采用多段线的圆弧命令快速绘制。

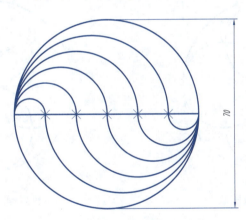

图2-29 训练图一

（1）先绘制一条长为70的直线，然后将直线6等分，如图2-30所示。

图2-30 等分直线

（2）使用"多段线"命令，提示"指定起点：指定下一个点或 [圆弧(A)/半宽(H)/长度(L)/放弃(U)/宽度(W)]："时，输入A。
（3）提示"指定圆弧的端点或[角度(A)/圆心(CE)/方向(D)/半宽(H)/直线(L)/半径(R)/第二个点(S)/放弃(U)/宽度(W)]："时，输入D，即可开始绘制圆弧的方向。
（4）重复以上操作，完成圆弧的绘制，如图2-31所示。
（5）使用"圆"命令，捕捉圆的中点，提示"指定圆的半径或 [直径(D)]"时，输入35，并按【Enter】键,完成最外圈圆的绘制。

(6)删除辅助线并添加尺寸标注,如图2-32所示。

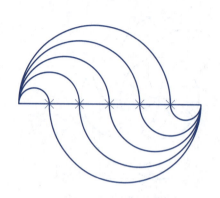

图 2-31 绘制圆弧

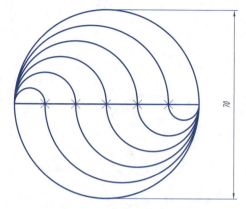

图 2-32 删除辅助线并添加尺寸标注

训练二:绘制图2-33所示图形。

(1)绘制中心线,以中心线交点7为圆心,绘制直径100、50的两个圆,如图2-34所示。

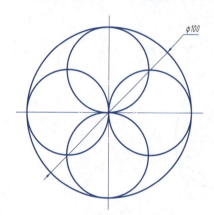

图 2-33 训练图二

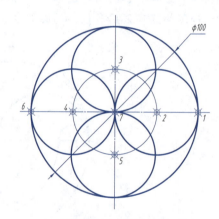

图 2-34 圆绘制过程

(2)方法1:使用旋转工具,旋转生成其余三个小圆。

方法2:分别以点2、3、4、5为圆心,绘制直径50的四个圆;或绘制以点2为圆心的圆,复制生成另外三个圆;或使用"环形阵列"命令生成其他三个圆,选择对象为圆2,拾取中心点7。

训练三:使用"极轴追踪"功能绘制图2-35所示图形。

图 2-35 训练图三

（1）对"极轴追踪"功能进行设置，单击状态栏上的"极轴"→"设置"按钮，如图2-36所示。

图 2-36 极轴追踪设置

（2）在"极轴追踪"选项卡中选中"启用极轴追踪（F10）"复选框，在"增量角"下拉列表框中选择45°（凡是45°的倍数都能追踪到）。

（3）先绘制一个直径为70的圆，再绘制一个内接于该圆的正六边形，如图2-37所示。

（4）使用"对象捕捉"命令，绘制其中的直线，并用"极轴追踪"功能绘制一条连接于线上的直线，如图2-38所示。

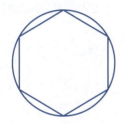
图 2-37 内接正六边形

图 2-38 使用"极轴追踪"功能绘制直线

（5）使用"直线"命令连接其余直线，如图2-39所示。

（6）捕捉大圆的圆心，在矩形中绘制一个小圆，并添加尺寸标注，如图2-40所示。

图 2-39 绘制其余直线

图 2-40 绘制小圆并标注尺寸

训练四：使用"偏移"和"阵列"命令绘制图2-41所示图形。操作提示：图2-41由4个相同的图形组成，可使用"环形阵列"命令完成；图形中等距曲线可用"偏移"命令绘制。

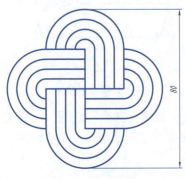

图 2-41 训练图四

(1)使用"多段线"命令,绘制一条长为20的直线连接直径为10的圆弧,如图2-42所示。
(2)使用"偏移"命令,偏移出其余线条,偏移距离为5,如图2-43所示。
(3)使用"环形阵列"命令,并添加尺寸标注,如图2-44所示。

图2-42 多段线　　　图 2-43 偏移其余线条　　　图 2-44 环形阵列并尺寸标注

训练五:使用"镜像"和"修剪"命令绘制图2-45所示图形。

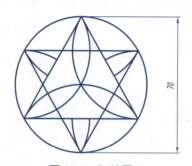

图 2-45 训练图五

(1)绘制一个直径为70的圆,然后使用"多边形"命令绘制一个内接于圆的正三角形,如图2-46所示。
(2)使用"镜像"命令,沿AB方向镜像一个倒三角形,如图2-47所示。
(3)使用"圆弧"命令,捕捉圆心,绘制出一段圆弧,如图2-48所示。

图 2-46 内接正三角形　　　图 2-47 镜像　　　图 2-48 绘制圆弧

(4)再次使用"镜像"命令,镜像出其余五段圆弧,如图2-49所示。
(5)使用"修剪"命令修剪多余线段,并添加尺寸标注,如图2-50所示。

图 2-49　镜像　　　　　　　　　图 2-50　修剪并尺寸标注

知识链接

一、旋转对象

使用"旋转"命令（ROTATE），可将对象绕基点旋转指定的角度。

1．命令调用

在菜单栏中选择"修改"→"旋转"命令，或单击"修改"工具栏中的"旋转"按钮，或在命令行输入ROTATE（RO）。

执行"旋转"命令后，系统出现如下提示：

UCS当前的正角方向：ANGDIR=逆时针，ANGBASE=0；

（1）ANGDIR：系统变量，用于设置相对当前UCS以0°为起点的正角度方向。

（2）ANGBASE：系统变量，用于设置相对当前UCS的0°基准角方向。

选定旋转对象后，系统提示"ROTATE指定基点："，基点可以是绝对坐标，也可是相对坐标。指定基点后，系统提示"指定旋转角度或[参照(R)]："，各项含义如下：

（1）指定旋转角度：对象相对于基点的旋转角度，有正、负之分。当输入正度值时，对象沿逆时针方向旋转；反之则沿顺时针方向旋转。

（2）参照(R)：执行该选项后，系统指定当前参照角度和所需的新角度。可以使用该选项放平一个对象或将它与图形中的其他要素对齐。

2．说明

（1）基点选择与旋转后图形的位置有关。因此，应根据绘图需要准确捕捉基点，且基点最好选择在已知的对象上，不容易引起混乱。

（2）"旋转"命令的"参照(R)"选项可用参考角度控制旋转角。若不明确实体的当前角度，又需要将其旋转到一定角度，可使用该选项，此时应注意参考角度第一点和第二点的顺序。

3．举例

用"旋转"命令旋转复制图2-51（a）所示的图形，结果如图2-51（b）所示。

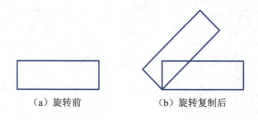

(a)旋转前　　　　　　(b)旋转复制后

图 2-51　旋转对象

（1）执行"旋转"命令。

（2）提示"UCS当前的正角方向：ANGDIR=逆时针，ANGBASE = 0 选择对象:"时，指定矩形对象。

（3）提示"选择对象:"时，按【Enter】键结束选择对象。

（4）提示"指定基点:"时，捕捉矩形左下角点为基点。

（5）提示"指定旋转角度，或[复制(C)/参照(R)] <0>:"时，输入C并按【Enter】键，复制对象。

（6）提示"指定旋转角度，或[复制(C)/参照(R)] <0>:"时，输入45并按【Enter】键，将图形逆时针旋转45°。

二、阵列对象

在AutoCAD 2021中，可以通过"阵列"命令多重复制对象。"阵列"命令包括矩形阵列、环形阵列和路径阵列。

1. 矩形阵列

矩形阵列将所选对象分布到行、列和标高的任意组合。

1）命令调用

在菜单栏中选择"修改"→"阵列"→"矩形阵列"命令，或单击"修改"工具栏中的"矩形阵列"按钮，或在命令行输入ARRAY（AR）。

执行"矩形阵列"命令并选择阵列对象后，功能区会出现"阵列创建"选项卡，其中有关"矩形阵列"的各面板如图2-52所示，可以对阵列各选项进行设置，绘图区将显示预览阵列，设置完成后单击"关闭阵列"按钮。

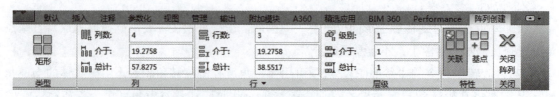

图 2-52　"阵列创建"选项卡中有关"矩形阵列"的各面板

面板中各提示项的含义如下：

（1）行数：矩形阵列的行数。

（2）列数：矩形阵列的列数。

（3）级别：指定三维阵列的层数。

（4）介于：矩形阵列的行间距、列间距或层间距。

（5）总计：矩形阵列的总计行间距、列间距或层间距。
（6）关联：指定阵列中的对象是关联的还是独立的。
（7）基点：定义阵列基点和基点夹点的位置。

2）说明

（1）矩形阵列时的行距和列距若为负值，则加入的行在原行的下方，加入的列在原列的左方。若环形阵列的角度为负值，即为顺时针方向旋转。

（2）矩形阵列的列数和行数均包含所选对象，环形阵列的复制份数也包括原始对象在内。

3）举例

如图2-53所示，用"阵列"命令将左下角的小圆对象复制成4列3行矩形排列的图形，列距为15 mm，行距为12 mm。

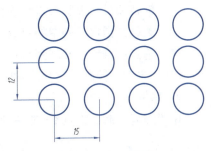

图 2-53　矩形阵列

```
命令：ARRAY
选择对象：（选择左下角的小圆对象）
选择对象：（按【Enter】键结束对象选择）
类型=矩形，关联=是
选择夹点以编辑阵列或 [关联(AS)/基点(B)/计数(COU)/间距(S)/列数(COL)/行数(R)/层数(L)/
退出(X)]<退出>：
```

设置列数：4，介于：15，行数：3，介于：12，其他选项为默认值。单击"关闭阵列"按钮，结束命令。

2．环形阵列

"环形阵列"命令用于将对象均匀地围绕中心点或旋转轴分布。

1）命令调用

在菜单栏中选择"修改"→"阵列"→"环形阵列"命令，或单击"修改"工具栏中的"环形阵列"按钮，或在命令行输入ARRAYPOLAR。

执行"环形阵列"命令并选择对象及指定阵列中心点后，功能区中出现"阵列创建"选项卡，其中有关"环形阵列"的各面板如图2-54所示，可以对阵列各选项进行设置，绘图区将显示预览阵列，设置完成后单击"关闭阵列"按钮。

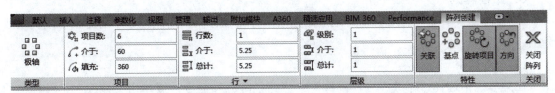

图 2-54　"阵列创建"选项卡中有关"环形阵列"的各面板

面板中各提示项的含义如下：

（1）极轴：在绕中心点或旋转轴的环形阵列中均匀分布对象副本。
（2）项目数：环形阵列的复制份数。
（3）介于：项目之间的角度。

（4）填充：通过总角度和阵列对象之间的角度控制环形阵列，还可以拖动箭头夹点以调整填充角度。

（5）行数：指定阵列中的行数、它们之间的距离以及行之间的增量标高。

（6）层级：指定（三维阵列的）层数和层间距。

（7）旋转项目：控制在排列项目时是否旋转对象。

（8）关联：指定阵列中的对象是关联的还是独立的。

（9）基点：重新定义阵列基点和基点夹点的位置。

（10）方向：控制逆时针或顺时针旋转对象。

2）举例

用"阵列"命令将点A下侧三角形作环形阵列，结果如图2-55所示。

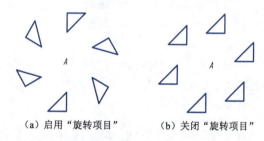

（a）启用"旋转项目"　　　（b）关闭"旋转项目"

图2-55　环形阵列

```
命令：ARRAYPOLAR
选择对象：（选择下侧三角形的三条边作为阵列对象）
选择对象：（按【Enter】键结束对象选择）
类型=极轴，关联=是
指定阵列的中心点或[基点(B)/旋转轴(A)]：（拾取整列中心点A）
选择夹点以编辑阵列或[关联(AS)/基点(B)/项目(I)/项目间角度(A)/填充角度(F)/行(ROW)/层(L)/旋转项目(ROT)/退出(X)]<退出>:_Base
选择夹点以编辑阵列或[关联(AS)/基点(B)/项目(I)/项目间角度(A)/填充角度(F)/行(ROW)/层(L)/旋转项目(ROT)/退出(X)]<退出>:
```

设置项目数：6，填充角度：360，"旋转项目"按钮为启用状态。单击"关闭阵列"按钮，结束命令。

3．路径阵列

"路径阵列"命令可将对象均匀地沿路径或部分路径分布，沿路径分布的对象可以测量或分割。

1）命令调用

在菜单栏中选择"修改"→"阵列"→"路径阵列"命令，或单击"修改"工具栏中的"路径阵列"按钮 ，或在命令行输入ARRAYPATH。

执行"路径阵列"命令并选择阵列对象及路径后，功能区中出现"阵列创建"选项卡，其中有关"路径阵列"的各面板如图2-56所示，可以对阵列各选项进行设置，绘图区将显示预览阵列，设置完成后单击"关闭阵列"按钮。

项目二 绘制平面图形

图 2-56 "阵列创建"选项卡中有关"路径阵列"的各面板

面板中各提示项的含义如下:
(1) 路径:路径可以是直线、多段线、三维多段线、样条曲线、螺旋、圆弧、圆或椭圆。
(2) 项目数:当"方法"为"定数等分"时可用,指定阵列中的项目数。
(3) 介于:当"方法"为"定距等分"时可用,指定阵列中的项目距离。
(4) 行数:设定阵列的行数。
(5) 级别:设定阵列的层数。
(6) 关联:指定阵列中的对象是关联的还是独立的。
(7) 基点:定义阵列基点和基点夹点的位置。
(8) 切线方向:指定阵列中的项目如何相对于路径的起始方向对齐。
(9) 定数等分:沿整个路径长度均匀地分布对象。
(10) 定距等分:以特定间隔分布对象。
(11) 对齐项目:指定是否对齐每个项目,以与路径的方向相切。
(12) Z方向:控制是否保持项目的原始Z方向或沿三维路径自然倾斜项目。

2) 举例

绘制一个小树及一条曲线,用"路径阵列"命令将小树沿着样条曲线作路径阵列8个,结果如图2-57(b)所示。

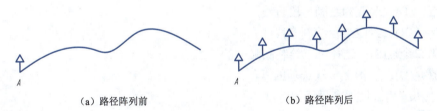

(a) 路径阵列前　　　　　　　　(b) 路径阵列后

图 2-57 路径阵列

命令: arraypath
选择对象:(全选左侧小树的四条直线作为阵列对象)
选择对象:(按【Enter】键结束对象选择)
类型=路径,关联=是
选择路径曲线:(选择样条曲线对象)
选择夹点以编辑阵列或[关联(AS)/方法(M)/基点(B)/切向(T)/项目(I)/行(R)/层(L)/对齐项目(A)/Z方向(Z)/退出(X)]<退出>:

单击"阵列创建"选项卡中的"定数等分"按钮,设置项目数为8。单击"关闭阵列"按钮,结束命令。

三、绘制多段线

多段线可以由等宽或不等宽的直线或圆弧组成,AutoCAD把多段线看作一个整体对象,可以用"多段线"命令进行各种处理。

1. 命令调用

在菜单栏中选择"绘图"→"多段线"命令，或单击"绘图"工具栏中的"多段线"按钮，或在命令行输入PLINE。

执行"多段线"命令后，系统出现如下提示：

指定起点：（指定起始点）
指定下一点或[圆弧(A)/闭合(C)/半宽(H)/长度(L)/放弃(U)/宽度(W)]：

（1）圆弧(A)：可用不同方法绘制多段线圆弧，也可画成不同粗细的圆弧。
（2）闭合(C)：绘制封闭多段线。
（3）半宽(H)：设置多段线的半宽度。
（4）长度(L)：给定一长度绘制多段线。
（5）放弃(U)：取消上一次绘制的一段多段线。
（6）宽度(W)：设置多段线的宽度，其默认值为0。

当选择"圆弧(A)"选项时，系统出现如下提示：

指定圆弧的端点或[角度(A)/圆心(CE)/闭合(CL)/方向(D)/半宽(H)/直线(L)/半径(R)/第二个点(S)/放弃(U)/宽度(W)]：

（1）角度(A)：给出角度，逆时针为正。
（2）圆心(CE)：指定中心点。
（3）闭合(CL)：用圆弧封闭多段线，并退出PLINE命令。
（4）方向(D)：给定切线方向绘制多段线圆弧。
（5）半宽(H)：设置多段线的半宽。
（6）直线(L)：改变为绘制多段直线。
（7）半径(R)：给定半径绘制多段线圆弧。
（8）第二个点(S)：选择三点绘制圆弧中的第二点。
（9）放弃(U)：取消上一次选项的操作。
（10）宽度(W)：设置多段线的宽度。

2. 说明

（1）多段线的专用编辑命令为PEDIT，将在编辑命令中介绍。
（2）多段线的宽度是否显示和Fillmode变量的设置有关。

3. 举例

绘制多段线，如图2-58所示。

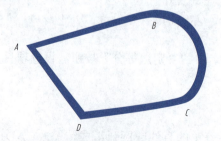

图2-58 绘制多段线

```
命令: PLINE↙
指定起点:（指定点A）
指定下一点或[圆弧(A)/半宽(H)/长度(L)/放弃(U)/宽度(W)]: W↙
指定起点宽度: 2↙
指定端点宽度: 4↙
指定下一点或[圆弧(A)/半宽(H)/长度(L)/放弃(U)/宽度(W)]:（指定点B）
指定下一点或[圆弧(A)/闭合(C)/半宽(H)/长度(L)/放弃(U)/宽度(W)]: A↙
指定圆弧的端点或[角度(A)/圆心(CE)/闭合(CL)/方向(D)/半宽(H)/直线(L)/半径(R)/第二个点(S)/放弃(U)/宽度(W)]:（指定点C）
指定圆弧的端点或[角度(A)/圆心(CE)/闭合(CL)/方向(D)/半宽(H)/直线(L)/半径(R)/第二个点(S)/放弃(U)/宽度(W)]: L↙
指定下一点或[圆弧(A)/闭合(C)/半宽(H)/长度(L)/放弃(U)/宽度(W)]:（指定点D）
指定下一点或[圆弧(A)/闭合(C)/半宽(H)/长度(L)/放弃(U)/宽度(W)]: C↙
```

四、绘制正多边形

在AutoCAD中可以精确绘制边数多达1 024的正多边形。

1. 命令调用

在菜单栏中选择"绘图"→"正多边形"命令，或单击"绘图"工具栏中的"正多边形"按钮⬡，或在命令行输入POLYGON（POL）。

执行"正多边形"命令后，系统出现如下提示：

```
输入边的数目<4>:（输入边的数目）
指定多边形的中心点或[边(E)]:（指定多边形的中心点或选择边）
```

（1）在指定多边形的中心点后，出现提示：

```
输入选项[内接于圆(I)/外切于圆(C)] <I>:（可选择内接于圆或外切于圆的方式）
指定圆的半径:（输入圆的半径）
```

（2）当选择"边(E)"选项时，出现提示：

```
指定边的第一个端点:（指定边的第一个端点）
指定边的第二个端点:（指定边的第二个端点）
```

2. 说明

用"正多边形"命令绘制的正多边形是一多段线，是一个整体。而使用"直线"命令可以创建任何多边形，但它们的各边是独立的直线对象。

3. 举例

（1）绘制内接于圆的正多边形，如图2-59（a）所示。

```
命令: POL↙
输入边的数目: 5↙
指定多边形的中心点或[边(E)]:（选取点A）
输入选项[内接于圆(I)/外切于圆(C)]: I↙
指定圆的半径: 50↙
```

（2）绘制外切于圆的正多边形，如图2-59（b）所示。

```
命令: POL↙
输入边的数目: 5↙
指定多边形的中心点或[边(E)]:（选取点B）
```

输入选项[内接于圆(I)/外切于圆(C)]：C✓
指定圆的半径：50✓

(3) 按边绘制正多边形，如图2-59（c）所示。

命令：POL✓
输入边的数目：5✓
指定多边形的中心点或[边(E)]：E✓
指定边的第一个端点：(选取点C)
指定边的第二个端点：(选取点D)

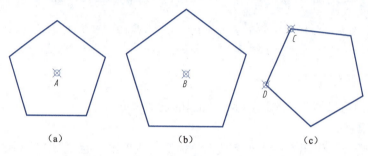

（a）　　　　　（b）　　　　　（c）

图2-59　绘制正多边形

五、绘制点

点是组成图形的最基本的实体对象。

1．点样式

1）命令调用

在菜单栏中选择"格式"→"点样式"命令，或在命令行输入DDPTYPE。

2）"点样式"对话框

执行"点样式"命令后，弹出"点样式"对话框，其中各选项的含义如下：

(1) "点样式"选项组：可以任选一种点的样式。

(2) "点大小"编辑框：用于设置点的大小。

(3) "相对于屏幕设置大小"复选框：选中该复选框，则按屏幕尺寸的百分比设置点的显示大小，此时点的大小不随图形的缩放而改变。

(4) "按绝对单位设置大小"复选框：选中该复选框，则按"点大小"编辑框中设置的点的绝对尺寸显示点的大小，此时点的大小随图形的缩放而改变。

2．绘制点

1）命令调用

在菜单栏中选择"绘图"→"点"命令，弹出图2-60所示的子菜单，或单击"绘图"工具栏中的"点"按钮，或在命令行输入POINT。

执行"点"命令，出现提示"指定点："时指定点的位置，在指定点的位置后还会出现"指定点："提示，此时按【Enter】键结束指定点。

图2-60　"点"的子菜单

2）举例

绘制图2-61所示各种类型的点。

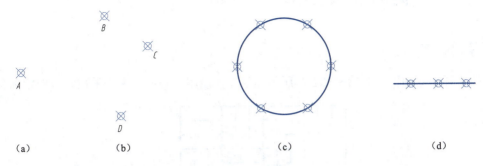

(a)　　　　　　　(b)　　　　　　　　(c)　　　　　　　　(d)

图 2-61　绘制点

（1）绘制单点。

命令：在菜单栏中选择"绘图"→"点"→"单点"命令。

指定点：指定点的位置A。

绘制结果如图2-61（a）所示。

（2）绘制多点。

命令：在菜单栏中选择"绘图"→"点"→"多点"命令。

指定点：选取点B。

指定点：选取点C。

指定点：选取点D。

指定点：✓

绘制结果如图2-61（b）所示。

（3）绘制定数等分点。

命令：在菜单栏中选择"绘图"→"点"→"定数等分"命令。

选择要定数等分的对象：选择圆。

输入线段数目或[块(B)]：6✓。

绘制结果如图2-61（c）所示。

（4）绘制定距等分点。

命令：在菜单栏中选择"绘图"→"点"→"定距等分"命令。

选择要定数等分的对象：选择直线。

指定线段长度或[块(B)]：30✓。

绘制结果如图2-61（d）所示。

任务三　绘制缩放类图形

任务描述

使用"环形阵列"命令绘制图2-26所示图形,并使用"缩放"命令缩放相应的距离。

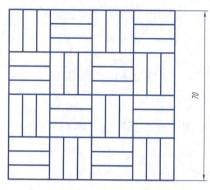

图2-62　任务图形

任务实施

(1)使用"直线"命令,连续绘制一个长为30的矩形,如图2-63所示。操作提示:此图形总大小为70,如果要计算每个矩形的长度较为麻烦,所以输入一个便于三等分偏移距离的数值,等绘制完成后再使用"缩放"命令整体缩放。

(2)使用"偏移"命令,偏移出两条直线,偏移距离为10,如图2-64所示。

(3)使用"环形阵列"命令,捕捉点A为圆心,环形阵列出4个矩形,如图2-65所示。

图2-63　绘制矩形　　　　图2-64　偏移　　　　图2-65　环形阵列

(4)再次使用"环形阵列"命令,捕捉点B为圆心,再阵列出4个矩形,如图2-66所示。

(5)此时图形外观已经绘制完成,但尺寸与要求不符,需要进行修改,使用"缩放"命令并添加尺寸标注,得到图2-67所示图形。

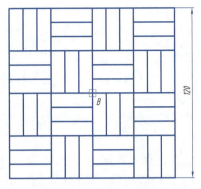

图 2-66　再次环形阵列

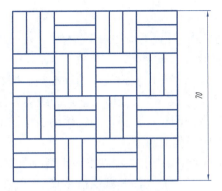

图 2-67　缩放并尺寸标注

绘图训练

使用缩放指令绘制图2-68。

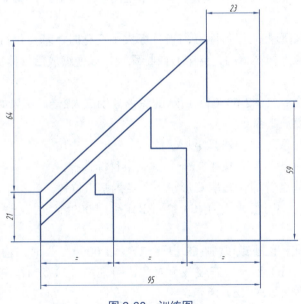

图 2-68　训练图

使用"直线"命令先绘制最外圈图形，再使用"定数等分"命令等分底边，最后使用"缩放"命令将图形缩放到指定大小。

知识链接

一、缩放对象

在AutoCAD 2021中，可以使用"缩放"命令按比例增大或缩小对象。

1．命令调用

在菜单栏中选择"修改"→"比例"命令，或单击"修改"工具栏中的"比例"按钮，或在命令行输入SCALE（SC）。

执行"比例"命令后,系统出现如下提示:

指定基点:
指定比例因子或[复制(C)/参照(R)]:

(1)基点:在比例缩放中的基准点(即缩放中心点)。一旦选定基点,拖动光标时,图像将按光标移动的幅度(光标与基点的距离)放大或缩小。

(2)比例因子:按指定的比例缩放选定对象。大于1的比例因子使对象放大,介于0和1之间的比例因子使对象缩小。

(3)参照(R):用参考值作为比例因子缩放操作对象。选择"参照(R)"选项后,出现提示"指定参考长度<1>:",其默认值是1。这时如果指定一点,出现提示"指定第二点:",指定后两点之间则决定一个长度;出现提示"指定新长度:",则由该新长度值与前一长度值之间的比值决定缩放的比例因子。此外,也可以在"指定参考长度<1>:"的提示下参考长度值,出现提示"指定新长度:",则由参考长度和新长度的比值决定缩放的比例因子。

2. 注意

(1)当比例因子大于1时,放大实体;当比例因子大于0且小于1时,缩小实体。比例因子可以用分数表示。

(2)基点可选在图形上的任何地方,当目标大小变化时,基点保持不动。基点的选择与缩放后的位置有关。应选择实体的几何中心或特殊点,以便缩放后目标仍在附近位置。

3. 举例

用"比例缩放"命令将图2-69(a)所示的图形分别放大2倍,结果如图2-69(b)所示。

(1)执行"比例缩放"命令。

(2)提示"选择对象:"时,选择矩形。

(3)提示"选择对象:"时,按【Enter】键结束目标选择。

(4)提示"指定基点:"时,拾取矩形左下角点为基点位置。

(5)提示"指定比例因子或[复制(C)/参照(R)] < 1.0000>:"时,输入C并按【Enter】键,复制对象。

(6)提示"指定比例因子或[复制(C)/参照(R)] < 1.0000 >:"时,输入2并按【Enter】键,即放大2倍,如图2-69(b)所示。若仅放大对象,可在第(5)步时,直接输入缩放倍数2并按【Enter】键,结果如图2-69(c)所示。

图 2-69 缩放对象

(7)重复以上操作,继续缩放并复制矩形。

二、拉伸对象

在AutoCAD 2021中,"拉伸"命令用于按规定的方向和角度拉长或缩短实体,改变对象形状。实体的选择只能用交叉窗口方式,与窗口相交的实体将被拉伸,窗口内的实体将随之移动。

1. 命令调用

在菜单栏中选择"修改"→"拉伸"命令,或单击"修改"工具栏中的"拉伸"按钮 ,或在命令行输入STRETCH(ST)。

执行"拉伸"命令后,系统出现如下提示:

> 选择对象:
> 指定基点或[位移(D)]:
> 指定第二个点或<使用第一个点作为位移>:

(1)选择对象:以交叉窗口或交叉多边形方式选择对象。

(2)指定基点或位移:指定拉伸基点或位移。

(3)指定第二个点:指定一点以确定位移大小。

2. 注意

(1)使用"拉伸"命令时,若所选实体全部在交叉框内,则移动实体等同于"移动"命令;若所选实体与选择框相交,则实体将被拉长或缩短。

(2)若只对图形内某个实体使用"拉伸"命令,而选择实体又不可避免地选上了其他实体,这时可在"选择对象"后输入R,以单选方式取消对这些对象的选择。

(3)能被拉伸的实体有线段、弧、多段线,但该命令不能拉伸圆、文字、块和点,如果对这些图形元素进行拉伸,图形会随着光标发生移动。

(4)对于宽线、圆环、二维填充实体等,可对各个点进行拉伸,其拉伸结果可改变这些实体的形状。

(5)若在目标选择时未使用交叉窗口方式,图形不会拉伸而是跟随光标移动。

3. 举例

用"拉伸"命令将图2-70(a)所示长度为10的图形拉伸为图2-70(b)所示的长度为20的图形。

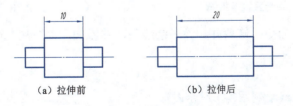

图 2-70 拉伸对象

(1)执行"拉伸"命令。

(2)提示"以交叉窗口或交叉多边形选择要拉伸的对象...选择对象:"时,以交叉窗口方式选择对象。

(3)提示"选择对象:"时,按【Enter】键结束选择对象。

(4)提示"指定基点或[位移(D)] <位移>:"时,选择任意点。

(5)提示"指定第二个点或<使用第一个点作为位移>:"时,向右侧拉伸,输入10并按【Enter】键。

任务四 绘制辅助线

任务描述

按给定尺寸绘制图2-71所示图形,其中三角形上的一个顶点需要借助辅助线绘制,已知一个点和方向的线条可以通过射线进行绘制。

任务实施

(1)使用"直线"命令,绘制一条长为80的直线,再使用"构造线"命令画一条垂直于直线的射线,如图2-72所示。

(2)使用"圆"命令,捕捉圆心点A,绘制半径为95的圆,使圆和射线相交于点B,连接线段AB,如图2-73所示。

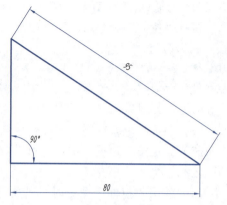

图 2-71 任务图形

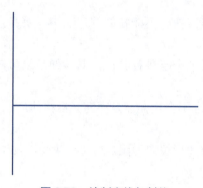

图 2-72 绘制直线与射线

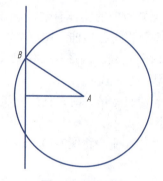

图 2-73 绘制圆

(3)使用"修剪"命令,修剪并删除多余线条,并添加尺寸标注,得到图2-71所示图形。

绘图训练

训练一:借助辅助线绘制图2-74所示图形。

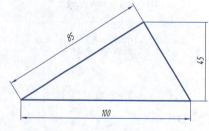

图 2-74 训练图一

(1)使用"直线"命令,绘制一条长为100的直线,再使用"偏移"命令,平行偏移出一条辅助线，偏移距离为45，如图2-75所示。

（2）使用"圆"命令，捕捉点A为圆心，绘制半径为85的圆，使圆和直线相交于点B，连接线段AB、BC、AC，如图2-76所示。

（3）使用"删除"命令，删除多余线段，并添加尺寸标注，如图2-77所示。

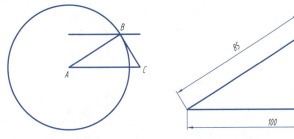

图2-75　绘制平行线　　图2-76　绘制圆并连接交点　　图2-77　删除多余线段并添加尺寸标注

训练二：按给定尺寸绘制图2-78所示图形。

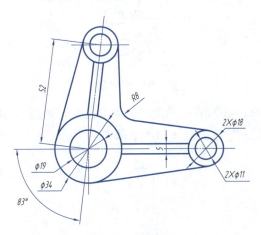

图2-78　训练图二

使用"直线"命令绘制出图2-79所示中心线，注意相交角度为83°；使用"构造线"和"极轴"命令添加线段，如图2-80所示；最后添加尺寸标注得到图2-78所示结果。

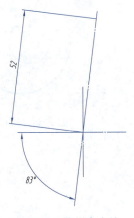 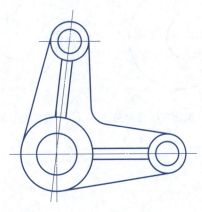

图2-79　绘制中心线　　　　　　图2-80　添加线段

训练三:按给定尺寸绘制图2-81所示图形。

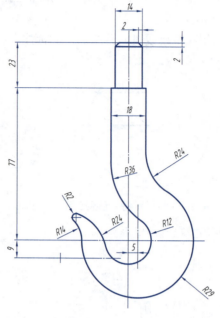

图 2-81 训练图三

绘制图2-82所示已知线段和圆弧;利用"圆角"指令绘制图2-83所示圆弧;连接圆弧完成图2-84所示图形;最后标注尺寸得到图2-81所示结果。

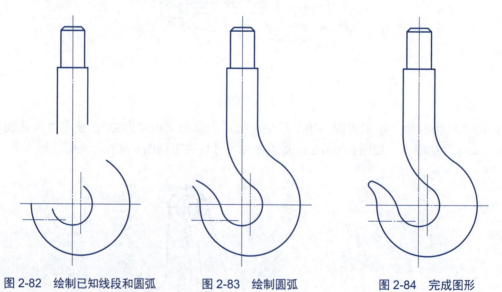

图 2-82 绘制已知线段和圆弧　　图 2-83 绘制圆弧　　图 2-84 完成图形

训练四：按给定尺寸绘制图2-85所示图形。

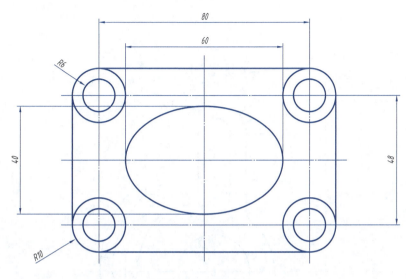

图 2-85　训练图四

（1）根据已知数据绘制必要的辅助线，如图2-86所示。

（2）绘制出四个R6（半径为6）的圆（可先绘制出其中之一，然后使用"镜像"命令得到其余三个），绘制出四条R10的圆弧（可先使用"圆弧"中的"圆心、起点、端点"命令绘制出其中之一，然后使用"镜像"命令得到其余三个），然后用直线连接圆弧的端点，如图2-87所示。

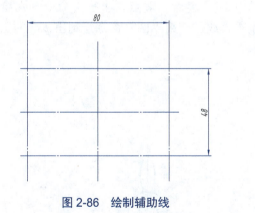

图 2-86　绘制辅助线　　　　　图 2-87　绘制图形

（3）用"椭圆"命令绘制出椭圆（长轴为60，短轴为40），然后删除多余的辅助线并添加尺寸标注，得到图2-85所示结果。

训练五：按给定尺寸绘制图2-88所示图形。

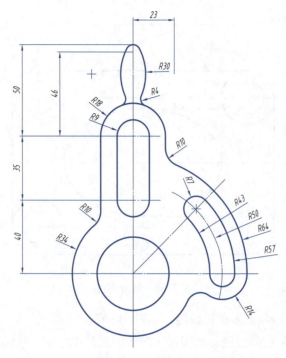

图 2-88　训练图五

（1）根据已知数据绘制必要的辅助线，如图2-89所示。

（2）使用"圆弧"中的"圆心、起点、端点"命令分别绘制出R30、R18、R9、R34、R14、R43、R57和R64的圆弧，使用"圆弧"中的"起点、端点、半径"命令分别绘制出R4、R7的圆弧，使用"直线"命令绘制出四条垂直线，使用"圆"命令绘制出φ40的圆，如图2-90所示。

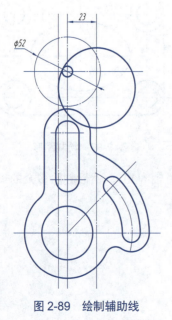

图 2-89　绘制辅助线

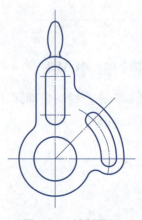

图 2-90　绘制图形

（3）将左侧垂直线和R34的圆弧倒圆角（R10），将右侧垂直线和R64的圆弧倒圆角（R10），然后将R34的圆弧和R14的圆弧倒圆角（R8），最后删除多余的辅助线并添加尺寸标注，得到图2-88所示结果。

知识链接

一、绘制射线

射线是一条有起点，通过另一点或指定某方向无限延伸的直线，一般用作辅助线。

1. 命令调用

在菜单栏中选择"绘图"→"射线"命令，或在命令行输入RAY。

执行"射线"命令后，系统出现如下提示：

（1）指定起点：输入射线起点。

（2）指定通过点：输入射线通过点。连续绘制射线则指定新的通过点，起点不变。按【Enter】或【Space】键退出射线绘制。

2. 举例

用"射线"命令，绘制图2-91所示射线。

命令：RAY↵
起点：（指定起点A）
通过点：（指定通过点B）
通过点：↵

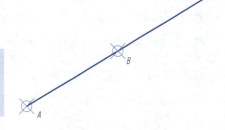

图2-91　绘制射线

二、绘制参照线

1. 命令调用

在菜单栏中选择"绘图"→"构造线"命令，或单击"绘图"工具栏中的"构造线"按钮，或在命令行输入XLINE。

2. 举例

1）绘制水平构造线

命令：XLINE↵
指定点或[水平(H)/垂直(V)/角度(A)/二等分(B)/偏移(O)]：H↵　（在屏幕上任选一点绘制一条水平的构造线，单击，可以继续绘制直线，按【Enter】键结束绘制）

2）绘制垂直构造线

命令：XLINE↵
指定点或[水平(H)/垂直(V)/角度(A)/二等分(B)/偏移(O)]：V↵　（在屏幕上任选一点绘制一条垂直的构造线）

3）绘制一条有一定角度的构造线

命令：XLINE↵
指定点或[水平(H)/垂直(V)/角度(A)/二等分(B)/偏移(O)]：A↵
输入构造线的角度(0)或[参照(R)]：60　（在屏幕上任选一点绘制一条60°的构造线）

4）绘制一条角平分构造线

命令：XLINE↵

指定点或[水平(H)/垂直(V)/角度(A)/二等分(B)/偏移(O)]:B✓
指定角的顶点:
指定角的起点:
指定角的端点:✓（在屏幕上绘制出角平分线）

5）偏移构造线

命令：XLINE✓
指定点或[水平(H)/垂直(V)/角度(A)/二等分(B)/偏移(O)]：O✓
指定偏移距离或[通过(T)]<通过>:（输入偏移距离绘制偏移的构造线）

三、绘制圆弧

圆弧是常见的图形元素之一，圆弧可通过"圆弧"命令直接绘制，也可以通过打断圆或倒圆角等方法生成圆弧。

1．命令调用

在菜单栏中选择"绘图"→"圆弧"命令，或单击"绘图"工具栏中的"圆弧"按钮，或在命令行输入ARC（A）。

执行"圆弧"命令后，系统出现如下提示：

指定圆弧的起点或[圆心(C)]:（选择圆弧的起点或圆心）
指定圆弧的第二个点或[圆心(C)/端点(E)]:（选择圆弧的第二个点、圆心或端点）
指定圆弧的端点:（指定圆弧的端点，完成圆弧绘制）

在以上提示中，均有几个选项，若进行组合，即为十一种不同的定义圆弧的方式：

（1）三点。
（2）起点、圆心、端点。
（3）起点、圆心、角度。
（4）起点、圆心、长度。
（5）起点、端点、角度。
（6）起点、端点、方向。
（7）起点、端点、半径。
（8）圆心、起点、端点。
（9）圆心、起点、角度。
（10）圆心、起点、长度。
（11）继续。

由此可以看出，圆弧的绘制主要基于"起点、圆心"方式、"起点、端点"方式和"圆心、起点"方式。

2．说明

（1）在菜单中选取圆弧的绘制方式是明确的，相应的提示不再给出可以选择的参数。而通过按钮或命令行输入绘制圆弧命令时，相应的提示会给出多种可能的参数。

（2）可以画出圆而难以直接绘制圆弧时，可通过打断或修剪的方式获取圆弧。

3．举例

（1）过三点绘制圆弧，如图2-92所示。

```
命令：ARC↙
指定圆弧的起点或[圆心(C)]：（指定起点A）
指定圆弧的第二个点或[圆心(C)/端点(E)]：（指定第二点B）
指定圆弧的端点：（指定端点C）
```

图 2-92 过三点绘制圆弧

（2）用"起点、圆心"方式绘制圆弧，如图2-93所示。该方法需要选取圆弧的起点和中心点，通过第三个参数，可设置指定端点、角度或弦长完成圆弧。

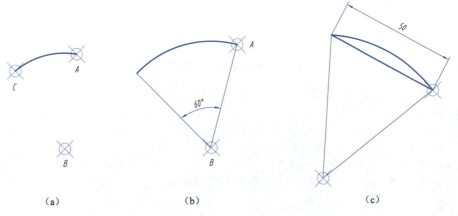

图 2-93 用"起点、圆心"方式绘制圆弧

```
命令：ARC↙
指定圆弧的起点或[圆心(C)]：（指定起点A）
指定圆弧的第二个点或[圆心(C)/端点(E)]：C↙
指定圆弧的圆心：（指定圆弧的圆心B）
指定圆弧的端点或[角度(A)/弦长(L)]：（指定圆弧的端点C）
```

以上为"起点、圆心、端点"绘图方式，结果如图2-93（a）所示。

如果在最后一行命令提示后选择选项"角度(A)"，即为"起点、圆心、角度"绘制方式，此时输入包含角的度数即可，若输入角度为正，则按逆时针方向绘制圆弧；若输入角度为负，则按顺时针方向绘制圆弧。如图2-93（b）所示，此时输入角度为60°。

如果在最后一行命令提示后选择选项"弦长(L)"，即为"起点、圆心、弦长"绘制方式，此时输入指定的弦长即可。若输入的弦长为正，则绘制小圆弧（小于180°），若输入的弦长为负，则绘制大圆弧（大于180°）。如图2-93（c）所示，此时输入弦长为50。

（3）用"起点、端点"方式绘制圆弧，如图2-94所示。该方法需要选取圆弧的起点和端点，通过第三个参数，可设置指定圆心、半径、角度和方向完成圆弧。

```
命令：ARC↙
指定圆弧的起点或[圆心(C)]：（指定第一点A）
指定圆弧的第二个点或[圆心(C)/端点(E)]：E↙
指定圆弧的端点：（指定圆弧的端点B）
指定圆弧的圆心或[角度(A)/方向(D)/半径(R)]：A↙
指定包含角:60↙
```

在最后一行命令提示后选择选项"角度(A)"即为"起点、端点、角度"方式，如图2-94（a）所示；选择选项"方向(D)"即为"起点、端点、方向"方式，如图2-94（b）所示；选择选项

"半径(R)"即为"起点、端点、半径"方式,如图2-94(c)所示。

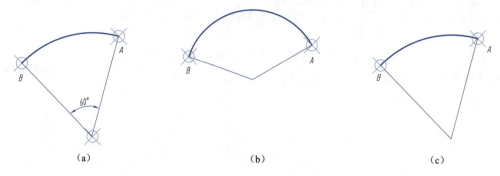

图 2-94 用"起点、端点"方式绘制圆弧

(4)用"圆心、起点"方式绘制圆弧,如图2-95所示。

命令:ARC↙
指定圆弧的起点或[圆心(C)]:C↙
指定圆弧的圆心:(指定点O为圆心)
指定圆弧的起点:(指定点A为圆弧起点)
指定圆弧的端点或[角度(A)/弦长(L)]:(指定点B为圆弧端点)

以上为"圆心、起点、端点"绘图方式,结果如图2-95(a)所示。

如果在最后一行命令提示后选择选项"角度(A)"即为"圆心、起点、角度"绘制方式,输入角度为60°,如图2-95(b)所示;选择选项"弦长(L)"即为"圆心、起点、弦长"绘制方式,输入弦长为50,如图2-95(c)所示。

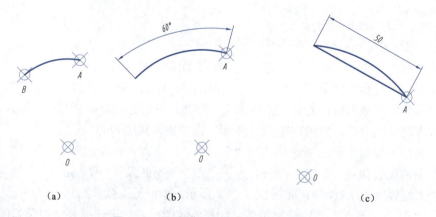

图 2-95 用"圆心、起点"方式绘制圆弧

(5)用"继续"方式绘制圆弧,如图2-96所示。在开始绘制圆弧时如果不输入点,而是按【Enter】或【Space】键,则采用连续的绘制方式,即该圆弧的起点为上一个圆弧或直线的终点,同时所绘制的圆弧与已有的圆弧或直线相切。

命令:ARC↙
指定圆弧的起点或[圆心(C)]:(指定点A)
指定圆弧的第二个点或[圆心(C)/端点(E)]:(指定点B)
指定圆弧的端点:(指定点C)
命令:↙

指定圆弧的起点或[圆心(C)]:↙
指定圆弧的端点:(指定点D)
命令:↙
指定圆弧的起点或[圆心(C)]:↙
指定圆弧的端点:(指定点E)

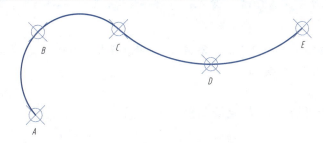

图 2-96 用"继续"方式绘制圆弧

四、绘制椭圆

椭圆和椭圆弧也是基本的图形元素,在AutoCAD绘图中,椭圆的形状主要由中心、长轴和短轴三个参数进行描述。

1. 命令调用

在菜单栏中选择"绘图"→"椭圆"命令,或单击"绘图"工具栏中的"椭圆"按钮 ,或在命令行输入ELLIPSE(EL)。

执行绘制椭圆命令后,系统出现如下提示:

指定椭圆的轴端点或[圆弧(A)/中心点(C)]:(指定椭圆的轴端点;输入A绘制椭圆弧;输入C指定椭圆的中心点)

(1)指定椭圆的轴端点后出现如下提示:

指定轴的另一个端点:(指定椭圆轴的第二个端点)
指定另一条半轴的长度或[旋转(R)]:(输入另一条半轴的长度,完成椭圆的绘制;输入R并指定长轴旋转的角度值,完成椭圆的绘制)

(2)输入A后出现如下提示:

指定椭圆弧的轴端点或[中心点(C)]:(指定椭圆轴端点或指定椭圆的中心点)

指定椭圆轴端点后出现如下提示:

指定轴的另一个端点:(指定轴另一个端点)
指定另一条半轴长度或[旋转(R)]:(指定另一条半轴长度或输入R,R选项操作同上)

指定另一条半轴长度后出现如下提示:

指定起始角度或[参数(P)]:(指定起始角度或参数)

指定起始角度后出现如下提示:

指定终止角度或[参数(P)/包含角度(I)]:(指定终止角度完成椭圆弧的绘制;选择"参数(P)"选项;选择"包含角度(I)"选项)

如果选择"参数(P)"选项,则通过矢量参数方程式创建椭圆弧,这里不再详细介绍。
如果选择"包含角度(I)"选项,出现如下提示:

指定弧的包含角度<180>：（输入椭圆包含的角度）

（3）在输入C并按【Enter】键后出现如下提示：

指定椭圆的中心点：（选取中心点）
指定轴的端点：（选取轴端点）
指定另一条半轴长度或[旋转(R)]：（指定另一个半轴长度或输入R，R选项操作同上）

2．说明

绘制椭圆时，旋转角度应介于0°～89.4°，如果旋转角度为0°，则绘制一个圆；如果旋转角度超过89.4°，则无法绘制椭圆。

3．举例

（1）给定一个轴和另一个半轴绘制椭圆，如图2-97所示。

命令：EL↙
指定椭圆的轴端点或[圆弧(A)/中心点(C)]：（在点A位置单击）
指定轴的另一个端点：（在点B位置单击）
指定另一条半轴的长度[或旋转(R)]：40↙

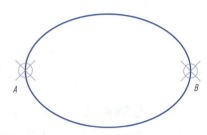

图2-97 给定一个轴和另一个半轴绘制椭圆

（2）用"中心点"和"旋转"选项绘制椭圆，如图2-98所示。

命令：EL↙
指定椭圆的轴端点或[圆弧(A)/中心点(C)]：C↙
指定椭圆的中心点：（在点D位置单击）
指定轴的端点：（在点E位置单击）
指定另一条半轴的长度或[旋转(R)]：R↙
指定绕长轴旋转的角度：60↙

（3）给定椭圆的一个轴和另一个半轴以及椭圆弧的起始角度和包含角度绘制椭圆弧，如图2-99所示。

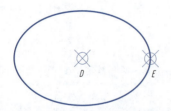

图2-98 用中心点定位和旋转选项绘制椭圆

图2-99 绘制椭圆弧

命令：EL↙
指定椭圆的轴端点或[圆弧(A)/中心点(C)]：A↙
指定椭圆弧的轴端点或[中心点(C)]：（在点F位置单击）
指定轴的另一个端点：（在点G位置单击）
指定另一条半轴长度或[旋转(R)]：60↙
指定起始角度或[参数(P)]：30↙
指定终止角度或[参数(P)/包含角度(I)]：I↙
指定弧的包含角度<180>：200↙

五、合并对象

"合并"命令用于将选定的对象合并形成一个完整的对象。

1．命令调用

在菜单栏中选择"修改"→"合并"命令,或单击"修改"工具栏中的"合并"按钮 ➤➤,或在命令行输入JOIN。

执行"合并"命令后,系统出现如下提示:

选择源对象:可以是直线、多段线、圆弧、椭圆弧、样条曲线或螺旋。

选择要合并到源的对象:对象可以是直线、多段线、圆弧、椭圆弧、样条曲线或螺旋。根据选定的源对象,要合并到源的对象有所不同。

（1）直线:可选择一条或多条直线合并到源,所选直线对象必须共线,但是它们之间可以有间隙。

（2）多段线:对象可以是直线、多段线或圆弧,对象之间不能有间隙,并且必须位于与UCS的XY平面平行的同一平面上。

（3）圆弧:选择一个或多个圆弧或输入J闭合,将源圆弧转换成圆。圆弧对象必须位于同一假想的圆上,但是它们之间可以有间隙。

（4）椭圆弧:选择椭圆弧以合并到源,或使用"闭合"命令将源椭圆弧闭合成完整的椭圆。椭圆弧必须位于同一椭圆上,但是它们之间可以有间隙。

（5）样条曲线:选择要合并到源的样条曲线,样条曲线对象必须相接（端点对端点）。

（6）螺旋:选择要合并到源的螺旋,螺旋对象必须相接（端点对端点）。

2．说明

（1）当合并两条或多条圆弧时,将从源对象开始按逆时针方向合并圆弧。

（2）当合并两条或多条椭圆弧时,将从源对象开始按逆时针方向合并椭圆弧。

3．举例

用"合并"命令将图2-100（a）所示的两条直线合并为一条直线,结果如图2-100（b）所示。

(a) 合并前 　　　　　　　　　(b) 合并后

图 2-100　合并对象

（1）执行"合并"命令。

（2）提示"选择源对象:"时,指定左侧第一条直线。

（3）提示"要合并到源的直线:"时,指定右侧第二条直线。

（4）提示"找到1个"。

（5）提示"要合并到源的直线:"时,按【Enter】键结束选择。

（6）提示"已将1条直线合并到源",完成合并操作。

六、分解对象

在 AutoCAD 2021中,"分解"命令可以把多段线、尺寸和块等由多个对象组成的实体分解成单个对象。

1．命令调用

在菜单栏中选择"修改"→"分解"命令，或单击"修改"工具栏中的"分解"按钮，或在命令行输入EXPLODE（X）。

2．说明

（1）可以分解的对象包括块、多段线及面域等。

（2）任何分解对象的颜色、线型和线宽都可能改变。

（3）分解的对象不同，分解的结果也不同。分解复合对象将根据复合对象类型的不同而有所不同。

3．举例

用"分解"命令将图2-101（a）所示的正五边形分解为五段直线，结果如图2-101（b）所示。

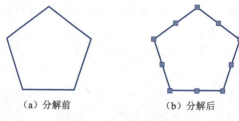

（a）分解前　　　　　　（b）分解后

图 2-101　分解对象

（1）执行"多边形"命令。

（2）执行"分解"命令。

（3）提示"选择源对象:"时，指定矩形。

（4）提示"选择源对象:"时，按【Enter】键结束选择。

（5）提示"找到1个"。

七、编辑对象特性

对象特性包括一般特性和几何特性，一般特性包括对象的颜色、线型、图层及线宽等；几何特性包括对象的尺寸和位置。可以直接在"特性"选项板中设置和修改对象的特性。

1．"特性"选项板

在菜单栏中选择"修改/工具"→"特性"命令，打开"特性"选项板。也可以在选中对象时右击，在弹出的快捷菜单中选择"特性"命令。

"特性"选项板默认处于浮动状态。在"特性"选项板的标题栏上右击，弹出一个快捷菜单，可通过该快捷菜单中的命令确定是否隐藏选项板、是否在选项板内显示特性的说明部分以及是否将选项板锁定在主窗口中。"特性"选项板在未选择对象时的打开状态如图2-102（a）所示。当选择不同对象时"特性"选项板所呈现的内容项目有所不同，图2-102（b）所示为选择尺寸标注时；图2-102（c）所示为选择多段线时；图2-102（d）所示为选择多行文字时；图2-102（e）所示为选择图块时；图2-102（f）所示为选择剖面线时。

项目二 绘制平面图形

（a）未选择对象

（b）选择尺寸标注

（c）选择多段线

（d）选择多行文字

（e）选择图块

（f）选择剖面线

图 2-102 不同选择状态下的特性选项板

2. "特性"选项板的功能

"特性"选项板中包含了所选对象的相关特性及其特性值,可以选中对应的条目修改相应的对象特性,若该条目为灰色,指当前不可更改该项;若某一条目后显示为+,说明该项目为折叠状态,可通过单击+展开相应的条目进行相关特性的修改。当选中多个不同对象时,将显示它们的共有特性。

通过"特性"选项板可以浏览、修改对象的特性,也可以浏览、修改满足应用程序接口标准的第三方应用程序对象。

任务五 补画第三视图

任务描述

根据图2-103所示的两面视图,利用点线面投影原理,补画第三视图。

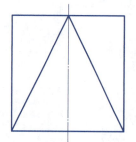
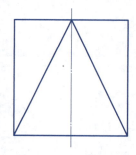

图 2-103 任务图形

任务实施

(1)根据点线面关系还原模型,可以看作两个三棱柱相交,三维模型如图2-104所示。

图 2-104 三维模型

(2)相同三棱柱相交,补画第三视图如图2-105所示。

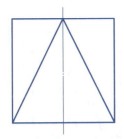 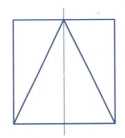

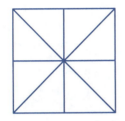

图 2-105　补画三视图

绘图训练

训练一：根据图2-106所示二面视图，补画第三视图。

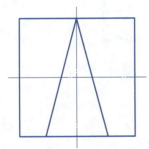 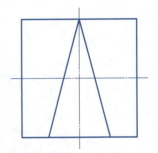

图 2-106　训练图一

（1）根据点线面关系还原三维模型，可以推测出是两个相交的三棱柱，三维模型如图2-107所示。

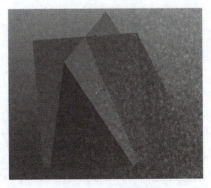

图 2-107　三维模型

（2）补画第三视图，如图2-108所示。

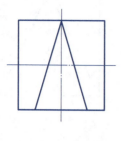
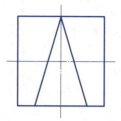

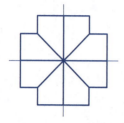

图 2-108　补画三视图

训练二：根据图2-109所示的两面视图，补画第三视图。

图 2-109　训练图二

（1）根据相贯线特征还原模型，可以推测出这其实是两个直径相等、高度与直径相同的圆柱相贯，三维模型如图2-110所示。

图 2-110　三维模型

（2）相同直径圆柱相贯，相贯线为直线，因此第三视图补画如图2-111所示。

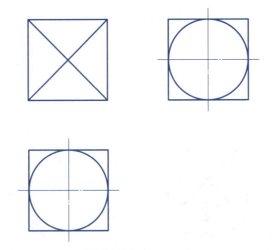

图 2-111 补画三视图

训练三：根据图2-112所示的两面视图，补画第三视图。

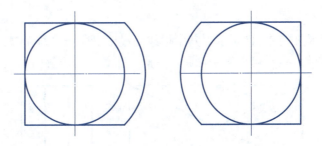

图 2-112 训练图三

（1）根据相贯线特征还原三维模型，可以推测出这其实是两个直径相等、高度与直径相同的圆柱相贯，其中圆柱一头为球状，三维模型如图2-113所示。

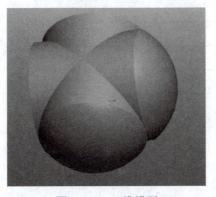

图 2-113 三维模型

（2）补画第三视图，如图2-114所示。

75

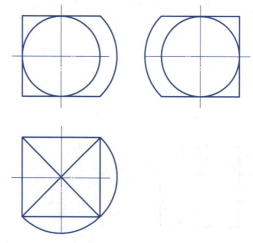

图 2-114 补画三视图

知识链接

视图间的投影

视图间的投影对应如图 2-115 所示，其中虚线为投影对应线。每个视图的每个位置向另外两个视图作投影对应线，这样可以避免漏画、多画、位置不对应等问题。

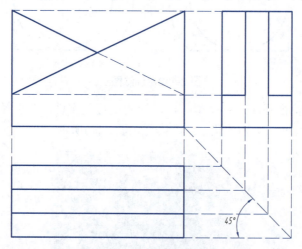

图 2-115 视图间投影

项目三 绘制零件图

在学习绘图命令和编辑命令后，就要进入正式零件图形的绘制。在绘制零件图之前，先进行样板文件的创建，设置好绘制零件图所需的环境。学生通过学习典型轴类零件、盘盖类零件等实例，重点掌握零件图的绘制方法、尺寸标注、技术要求标注、图块插入等基本技能。

知识目标
1. 掌握样板文件创建步骤；
2. 掌握零件图图形绘制方法；
3. 掌握零件图尺寸标注方法；
4. 掌握零件图技术要求标注方法。

能力目标
1. 能够独立创建样板文件；
2. 能够熟练运用绘图和编辑命令绘制零件图形；
3. 能够准确完整地标注零件图的尺寸；
4. 能够标注零件图上的技术要求。

素质目标
1. 通过样板文件创建，培养学生提高工作效率的意识；
2. 通过完整零件图的绘制，形成学生多角度表达事物的理念；
3. 通过准确地标注尺寸，培养学生严谨细致的工作作风；
4. 通过理解零件图上的技术要求，树立学生精益求精的工匠精神。

任务一 创建样板文件

任务描述

对接制图国家标准，综合应用文字标注、尺寸标注、图块、布局设置等知识进行样板文件创建，在后续绘制零件图时，可直接调用。

任务实施

一、创建样板文件图层

1．启动AutoCAD 2021

启动AutoCAD 2021的常用操作方法主要有以下三种：

（1）双击桌面上AutoCAD 2021的快捷图标。

（2）选择"开始"→"所有程序"→"Autodesk"→"AutoCAD 2021 -简体中文（Siplified Chinese）"→"AutoCAD 2021"命令。

（3）双击任何一个扩展名为.dwg的图形文件。

2．新建AutoCAD 2021文件

新建AutoCAD 2021文件的常用操作主要有以下三种：

（1）单击快速访问工具栏中的"新建"按钮。

（2）在菜单栏中选择"文件"→"新建"命令。

（3）在命令行中输入命令NEW。

使用以上任意一种方法，弹出图3-1所示的"选择样板"对话框，选择acad样板，单击"打开"按钮。

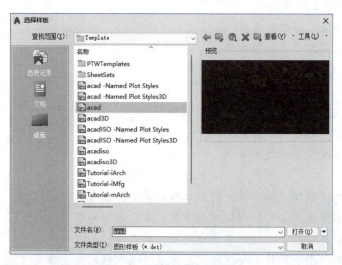

图3-1 "选择样板"对话框

打开图3-2所示界面，系统默认为草图与注释工作界面。

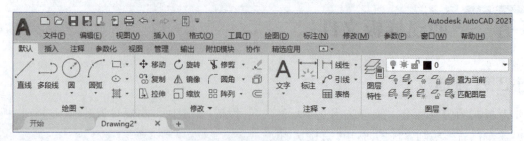

图3-2 草图与注释的工作界面

3. 了解图层特点

图层是AutoCAD提供的图形对象管理工具，用户可以根据图层对图形几何对象、文字、标注等进行归类处理。使用图层管理它们，不仅能使图形的各种信息清晰、有序、便于观察，而且也会给图形的编辑、修改和输出带来很大的便利。

图层相当于在绘图中使用的重叠图纸，属于逻辑层，而不是物理层。可以创建图层，并为这些图层指定通用特性。通过将对象分类放到各自的图层中，可以快速有效地控制对象的显示并对其进行更改。

绘制的任何一个图形对象，都有线型、线宽、颜色、图层等特性。在很多情况下，用户可以利用这些特性方便快捷地对图形对象进行操作。

设置图层后，可以使用不同的线型、线宽、颜色和图层绘制不同的图形对象。

1）线型

线型是指图形基本元素中线条的组成和显示方式，如虚线和实线等。在AutoCAD中既有简单线型，也有由一些特殊符号组成的复杂线型，以满足不同国家或行业标准的使用要求。

2）线宽

工程图中不同的线型有不同的线宽要求。用AutoCAD绘制工程图时，有两种确定线宽的方法。第一种方法与手工绘图一样，即直接将构成图形对象的线条用不同的宽度表示；另一种方法是将具有不同线宽要求的图形对象用不同颜色表示，但其绘图线宽仍采用AutoCAD的默认宽度，而不设置具体的不同宽度。当通过打印机或绘图仪输出图形时，利用打印样式将不同颜色的对象设置成不同的线宽，即在AutoCAD环境中显示的图形没有线宽，而通过绘图或打印机将图形输出到图纸上后会反映出线宽。

3）颜色

用AutoCAD绘制工程图时，可以将不同线型的图形对象用不同的颜色表示。AutoCAD 2021提供丰富的颜色方案供用户使用，其中最常用的颜色方案是采用索引颜色，即用自然数表示颜色，共有255种，其中1~7号为标准颜色，分别为1红色、2黄色、3绿色、4青色、5蓝色、6洋红、7白色（如果绘图背景的颜色是白色，则7号颜色显示为黑色）。

4）图层

图层具有以下特点：

（1）用户可以在一幅图中指定256个图层。系统将图层数设置为0~255，对每一图层上的对象数没有任何限制。

（2）每个图层都有一个名称，以便区别。当开始绘制一幅新图时，AutoCAD自动创建名称为0的图层，这是AutoCAD的默认图层，其余图层需要用户定义。

（3）一般情况下，位于一个图层上的对象应该使用同一种绘图线型、线宽和颜色。用户可以改变各图层的线型、线宽、颜色等特性。

（4）虽然AutoCAD允许用户建立多个图层，但只能在当前图层上进行绘图及编辑。

（5）各图层具有相同的坐标系和相同的显示缩放倍数。用户可以对位于不同图层上的对象同时进行编辑操作。

（6）用户可以对各图层进行打开、关闭、冻结、解冻、锁定与解锁等操作，以决定各图层的可见性与可操作性。

4．创建图层

用户在使用"图层"功能时，首先要创建图层，然后再应用。

1）启动图层命令

（1）在菜单栏中选择"格式"→"图层"命令。

（2）在命令行输入LAYER（LA）命令。

（3）单击"图层"工具栏中的"图层特性管理器"按钮，如图3-3所示。

在同一工程图样中，用户可以建立多个图层。单击"对象特性"工具栏中的"图层特性管理器"按钮，打开图层特性管理器，如图3-4所示。

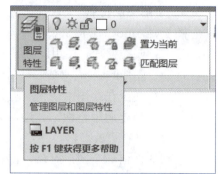

图 3-3　图层特性管理器按钮

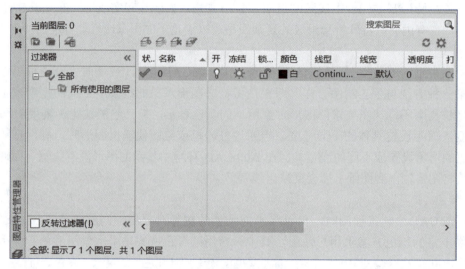

图 3-4　图层特性管理器

单击图层特性管理器中的"新建图层"按钮。系统将在新建图层列表中添加新图层，其默认名称为"图层1"，并高亮显示，将"图层1"的名称修改为"中心线层"，如图3-5所示。

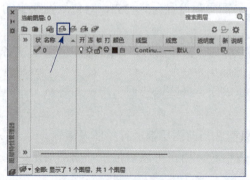

（a）新建图层按钮

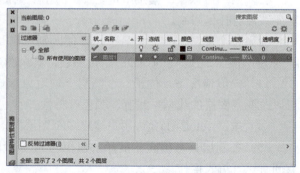

（b）新建图层1

图 3-5　新建"中心线"图层

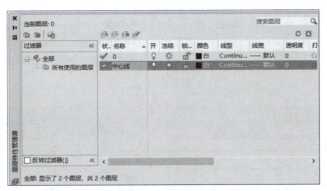

(c)将图层1更名为中心线

图 3-5 新建"中心线"图层(续)

使用相同的方法可以建立更多的图层,最后单击"确定"按钮退出图层特性管理器。编辑图层时应注意下列四种图层不可删除:图层0和定义点;当前图层;依赖外部参照的图层;包含对象的图层。

5. 设置图层

1)设置颜色

在图层特性管理器中单击图层列表中"颜色"列对应的图标,打开"选择颜色"对话框,如图3-6所示。对话框中有"索引颜色""真彩色""配色系统"三个选项卡,用于以不同的方式确定绘图颜色。

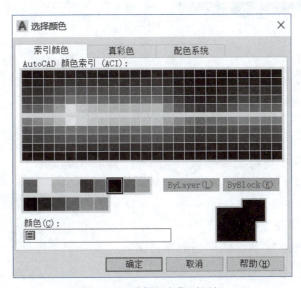

图 3-6 "选择颜色"对话框

2)设置线型

在图层特性管理器中单击图层列表中"线型"列对应的图标,打开"选择线型"对话框,如果线型列表框中没有列出需要的线型,则应从线型库进行加载。单击"加载"按钮,弹出"加载或重载线型"对话框,从中可选择需要加载的线型并单击"确定"按钮进行加载,如图3-7所示。

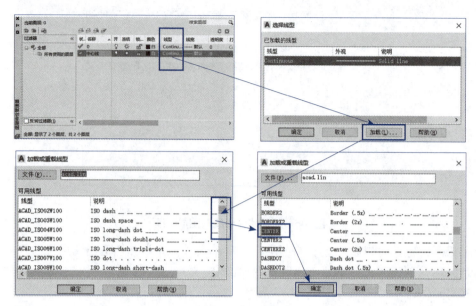

图 3-7 设置线型

加载完毕后,中心线层的线型已由原Continuous更改为现在的CENTER,如图3-8所示。

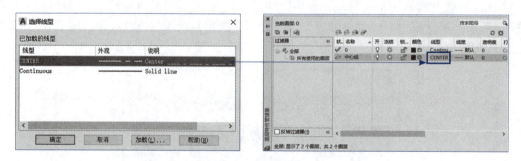

图 3-8 加载线型 CENTER

3)设置线宽

在图层特性管理器中单击图层列表中"线宽"列对应的图标,打开"线宽"对话框,如图3-9所示,从中可选择需要的线宽并加载。

4)设置样板图所需完整的图层

根据国家标准规定,绘制一张完整的零件图,一般需要八个图层。根据前述图层要素,依次设置完整的图层,如图3-10所示。

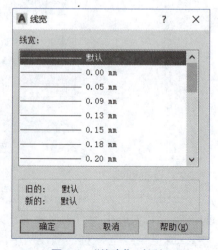

图 3-9 "线宽"对话框

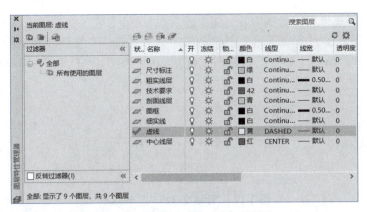

图 3-10 设置样板图所需完整图层

二、创建样板文件的文字样式

文字是机械制图和工程制图中不可缺少的组成部分。为了完整地表达设计思想，除了要正确使用图形表达物体的形状、结构外，还要在图样中标注尺寸、注写技术要求、填写标题栏。例如，机械工程图形中的技术要求、装配说明，以及工程制图中的材料说明、施工要求等。在绘图时，常需要设置两种字体样式，一种用于标注数字和字母，另一种用于书写汉字。故设置字体样式名为SZ和HZ，分别对应"数字、字母"和"汉字"。

在图形中书写文字时，首先要确定采用的字体文件、字符的高宽比及放置方式，这些参数的组合称为样式。默认的文字样式名为STANDARD，用户可以建立多个文字样式，但只能选择其中一个作为当前样式（汉字和字符应分别建立文字样式和字体），且样式名应与字体一一对应。建立文字样式可按以下方法操作。

1）命令启动方式
（1）在菜单栏中选择"注释"→"文字样式"命令。
（2）在命令行输入STYLE。
2）创建文字样式
采用上述任意一种方法启用创建文字样式功能，弹出图3-11所示的"文字样式"对话框。在其中可设置字型，包括字体、字符高度、字符宽度、倾斜度、文本方向等参数。

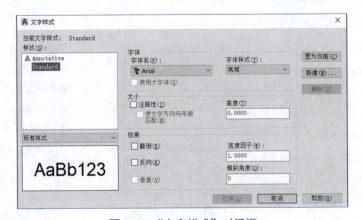

图 3-11 "文字样式"对话框

"文字样式"对话框中各选项的含义如下：

（1）新建：用于建立一个新的文字样式名。单击"新建"按钮，弹出图3-12所示"新建文字样式"对话框，单击"确定"按钮则设置文字样式名为"样式1"，用户可根据自己的需要设置样式名。

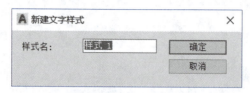

图3-12 "新建文字样式"对话框

（2）删除：用于删除已定义的某字型。在"文字样式"对话框中选取需要删除的字型，单击"删除"按钮，系统提示"是否删除该字型"，单击"确定"按钮，该字型就会删除。设置字体、字高和特殊效果等外部特征，以及修改、删除文字样式等操作都是在"文字样式"对话框中进行的。

（3）样式：该列表框中显示了图样中所有文字样式的名称，用户可以选择一种样式并单击"置为当前"按钮，使其成为当前样式。

（4）字体名：该下拉列表框罗列所有字体，其中带有双T图标的为Windows系统提供的TrueType（TTF）字体，其他字体为AutoCAD系统的字体（*.shx）。其中gbenor.shx（正体西文）和gbeitc.shx（斜体西文）字体是符合国家标准的工程字体。

（5）字体样式：如果用户选择的字体样式支持不同的样式（如粗体或斜体等），则可在"字体样式"下拉列表框中选择。

（6）使用大字体：大字体是专为亚洲国家设计的文字字体，在绘图时，可将字体样式设置为gbeitc.shx或gbenor.shx，同时选中"使用大字体"复选框，当大字体选项设置为gbcbig.shx时，选择"高度"为0。

（7）注释性：用于指定文字为注释性。选中"注释性"复选框后才可以选中"使文字方向与布局匹配"复选框。

（8）高度：用于指定字体的高度。如果用户在文本框中指定了文字高度，则当使用DTEXT（单行文字）命令时，AutoCAD将不再提示"指定高度"。

数字文字样式的设定如图3-13所示。

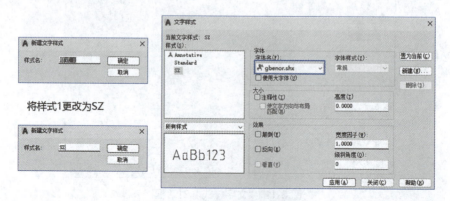

图3-13 数字文字样式的设定

汉字文字样式设定如图3-14所示。

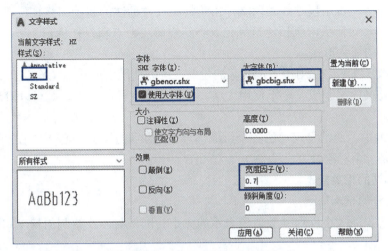

图 3-14　汉字文字样式的设定

三、创建尺寸标注样式

工程图样是一种规范性很强的技术性文件，而尺寸标注是工程图样的重要组成部分。尺寸标注决定着图形对象的真实大小，以及各部分对象之间的相互位置关系。尺寸标注同样具有规范性，因此用户想要完整、清晰、正确地标注图形的尺寸，必须先对尺寸标注的有关规定及标注方法有所了解。

1. 尺寸标注的组成

尽管尺寸标注在类型和外观上多种多样，但一个完整的尺寸标注都是由尺寸线、尺寸界线、尺寸箭头和尺寸数（文）字四部分组成的，如图3-15所示。

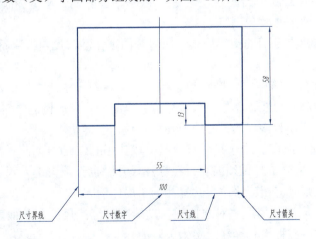

图 3-15　尺寸标注的组成

（1）尺寸线：表示尺寸标注的范围，通常是带有箭头且平行于被标注对象的单线段。标注文字沿尺寸线放置。对于角度标注，尺寸线可以是一段圆弧。

（2）尺寸界线：表示尺寸线的开始和结束，通常从被标注对象延长至尺寸线，一般与尺

寸线垂直。有些情况下，也可以选用某些图形对象的轮廓线或中心线代替尺寸界线。

（3）尺寸箭头：位于尺寸线的两端，用于标记尺寸标注的起始和终止位置。AutoCAD提供了多种形式的尺寸箭头，包括建筑标记、小斜线箭头、点和斜杠标记。用户也可以根据绘图需要创建自己的箭头形式。

（4）尺寸数（文）字：用于表示实际测量值，可以使用由AutoCAD自动计算出的测量值，也可以提供自定义的文字或完全不使用文字。如果使用生成的文字，则可以附加/减公差及前缀和后缀。

在AutoCAD中，通常将尺寸的各个组成部分作为块进行处理，因此，在绘图过程中，一个尺寸标注就是一个对象。

2．尺寸标注的相关规定

1）尺寸标注的基本规则

（1）图形对象的大小以尺寸数值所表示的大小为准，与图线绘制的精度和输出时的精度无关。

（2）一般情况下，当以毫米为单位时不需要注写单位，否则，应明确注写尺寸所采用的单位。

（3）尺寸标注所用字符的大小和格式必须满足国家标准。在同一图形中，同一类尺寸线的终端应相同，尺寸数字大小应相同，尺寸线间隔应相同。

（4）当尺寸数字与图线重合时，必须将图线断开。当图线不便断开以表达对象时，应调整尺寸标注的位置。

2）尺寸标注的其他规则

一般情况下，为了便于尺寸标注的统一和绘图方便，在AutoCAD中标注尺寸时应遵守以下规则：

（1）为尺寸标注建立专用的图层。建立专用的图层可以控制尺寸的显示和隐藏，与其他图线可以迅速分开，便于修改和浏览。

（2）为尺寸文本建立专门的文字样式。应对照国家标准，设定好字符的高度、宽度系数、倾斜角度等。

（3）设定好尺寸标注的样式。按照国家标准创建系列尺寸标注样式，内容包括直线和终端、文字样式、调整对齐特性、单位、尺寸精度、公差格式和比例因子等。

（4）保存尺寸格式及其格式簇，必要时使用替代标注样式。

（5）采用1:1的比例绘图。由于尺寸标注时可以让AutoCAD自动测量尺寸大小，所以如果采用1:1的比例绘图，则绘图时无须换算，在标注尺寸时也无须再键入尺寸大小。如果最后统一修改了绘图比例，则只需相应修改尺寸标注的全局比例因子。

（6）标注尺寸时应充分利用"对象捕捉"功能准确标注尺寸，从而可以获得正确的尺寸数值。为了便于修改，应将尺寸标注设定为关联的。

（7）在标注尺寸时，为了减少由其他图线造成的干扰，应将不必要的层关闭，如剖面线层等。

3．尺寸标注样式的设置

默认情况下，在AutoCAD中创建尺寸标注时所使用的尺寸标注样式是"ISO-25"，用户可以根据需要创建一种新的尺寸标注样式。

1）命令启动方式

（1）在菜单栏中选择"注释"→"标注"命令。

（2）在命令行输入DDIM（D）命令，弹出图3-16所示的"标注样式管理器"对话框。

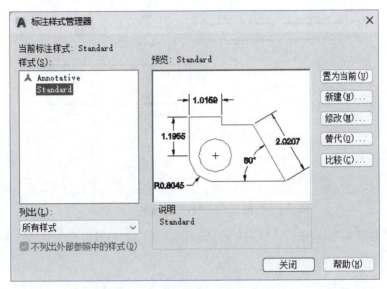

图 3-16 "标注样式管理器"对话框

2）设置基础样式ISO

在上述对话框中单击"新建"按钮，弹出"创建新标注样式"对话框，如图3-17（a）所示；将"新样式名"设置为BZ，如图3-17（b）所示。

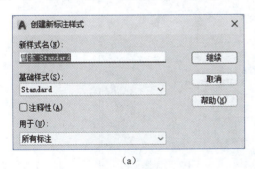　　　　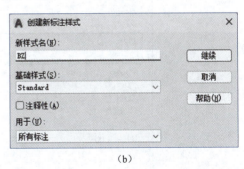

　　　　　（a）　　　　　　　　　　　　　　　　　（b）

图 3-17 新建标注样式 BZ

设置步骤如下：

（1）"线"选项卡。在图3-17（b）所示设置完成后，单击"继续"按钮，弹出"新建标注样式：BZ"对话框，选择"线"选项卡，将"基线间距"设置为7，将"超出尺寸线"设置为2，将"起点偏移量"设置为0，如图3-18所示。

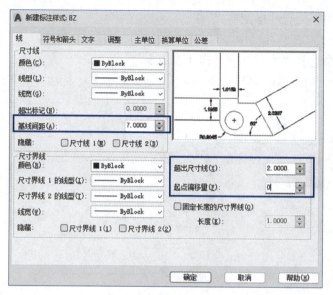

图 3-18 "线"选项卡

（2）"符号和箭头"选项卡。如图3-19所示，将箭头大小设置为2.5，这个大小适合A3以下图幅，其他设置保持默认。

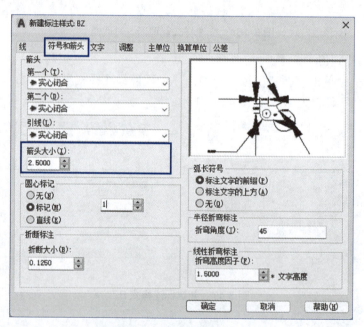

图 3-19 "符号和箭头"选项卡

（3）"文字"选项卡。在"文字样式"下拉列表框中，选择已设置好的文字样式SZ，用于尺寸标注。其他设置如图3-20所示。

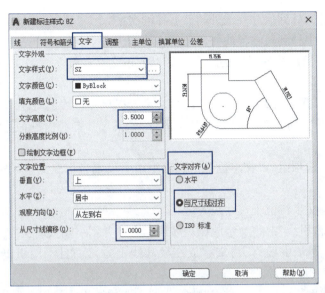

图 3-20 "文字"选项卡

（4）"调整"选项卡。如图3-21所示，可以对标注文字、箭头、尺寸界线之间的位置关系进行设置。

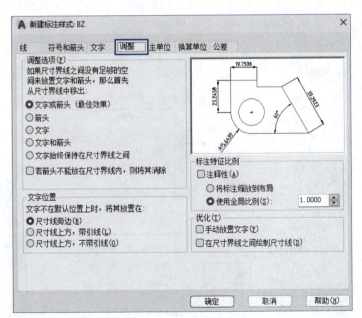

图 3-21 "调整"选项卡

①"调整选项"选项组。

"文字或箭头（最佳效果）"：将文字或箭头移到尺寸界线外。当尺寸界线间的距离仅够容纳文字时，文字放在尺寸线内，箭头放在尺寸线外；当尺寸界线间的距离仅够容纳箭头时，箭头放在尺寸界线内，文字放在尺寸界线外；当尺寸界线间的距离既不够放文字，又不够放箭头时，文字和箭头都放在尺寸界线外。

"箭头"：先将箭头移到尺寸界线外，然后移动文字。

"文字"：先将文字移到尺寸界线外，然后移动箭头。

"文字和箭头"：当尺寸界线间的距离不足以放下文字和箭头时，文字和箭头都放到尺寸界线外。

"文字始终保持在尺寸界线之间"：始终将文字放在尺寸界线之间。

"若箭头不能放在尺寸界线内，则将其取消"：如果尺寸界线内没有足够的空间放置箭头，则不显示箭头。

② "文字位置"选项组。"文字位置"选项组用于设置当标注文字从默认位置移动时，标注文字的位置。

"尺寸线旁边"：文字将位于尺寸线旁边。

"尺寸线上方，带引线"：将文字放在尺寸线上方，并用引出线将文字与尺寸线相连。

"尺寸线上方，不带引线"：将文字放在尺寸线上方，而且不用引出线将文字与尺寸线相连。

③ "标注特征比例"选项组。"标注特征比例"选项组用于设置全局标注比例值或图纸空间比例。

"注释性"：指定标注为注释性。

"将标注缩放到布局"：根据当前模型空间视口与图纸空间之间的比例确定比例因子。

"使用全局比例"：为所有标注样式设置比例。

（5）"主单位"选项卡。根据国家标准，按图3-22所示进行设置。

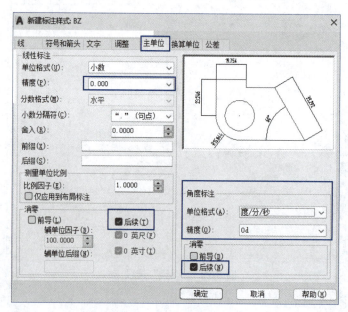

图3-22 "主单位"选项卡

（6）"换算单位"选项卡。在基础样式中，换算单位保持默认设置，如图3-23所示。

（7）"公差"选项卡。保持默认设置，如图3-24所示。

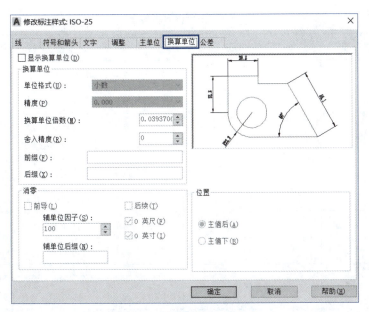

图 3-23 "换算单位"选项卡

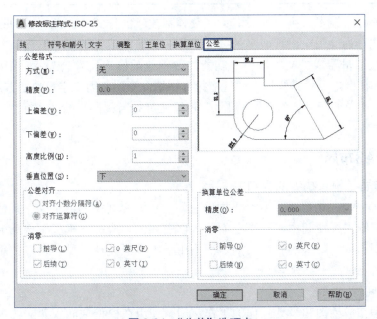

图 3-24 "公差"选项卡

在机械工程制图中,可以按表3-1设置尺寸标注样式。表中的尺寸标注样式适用于机械图样中A3以下图幅图样的常见标注,其余标注在此基础上做少量修改即可。常见的修改项目如下:

(1)当用于A2以上图幅时,将文字高度和箭头大小改为5。

(2)若在模型空间打印,且打印时将图形缩放至选定的图框中,则应将每种样式中"调整"选项卡的"使用全局比例"改为1,而将"主单位"选项卡中的"比例因子"改为缩放比例的倒数。

表 3-1 标注样式设置参数

样式名称	基础样式	用于何种标注	修改内容
BZ	ISO-25	所有标注	"线"选项卡：超出尺寸线为 2；起点偏移量为 0
			"符号和箭头"选项卡：箭头大小为 3.5
			"文字"选项卡：文字样式为 SZ（字体样式事先应该设置完毕）；文字大小为 3.5；文字位置为从尺寸线偏移 1 mm
			"调整"选项卡：选择将标注缩放到布局
			"主单位"选项卡：精度为 0 或 0.0；小数分隔符为"."（句点）
BZ-角度	BZ	角度标注	"文字"选项卡："文字对齐"选择"水平"
BZ-半径	BZ	半径标注	"文字"选项卡："文字对齐"选择"ISO 标准"
BZ-直径	BZ	直径标注	"文字"选项卡："文字对齐"选择"ISO 标准" "调整"选项卡："调整选项"选择"文字或箭头"
BZ-线性直径	BZ	用于非圆视图上的直径标注	"主单位"选项卡：前缀输入 %%C

（3）若公差标注较多，则可增设名为"公差标注"的样式。在此样式中设置"公差"选项卡中的"方式"为绘图中出现较多的公差类型；偏差数值先暂写一常用偏差数值，待使用时再用对象特性编辑器或"文字编辑"功能修改偏差数值。尺寸公差标注的另一个方法是：当标注尺寸时，在指定尺寸界线后，通过多行文字编辑器，使用文字堆叠的方法添加公差项。

（4）其余如"单侧尺寸界线""小尺寸"等标注可先用最接近的样式标注，再用对象特性编辑器进行修改。

四、创建A3布局

1. 新建布局（删除缺省的视口）

在AutoCAD中，系统提供了两个不同的空间，模型空间和图纸空间。几何模型放置在称为模型空间的三维坐标空间中，模型空间用于创建图形，应在"模型"选项卡中进行设计工作。图纸空间用于创建最终的打印布局，而不用于绘图或设计工作，可以使用"布局"选项卡设计图纸空间视口。

1）模型空间

模型空间是完成绘图和设计工作的工作空间。使用在模型空间中建立的模型可以完成二维或三维物体的造型，并且可以根据需求用多个二维或三维视图表示物体，同时配有必要的尺寸标注和注释完成所需要的全部绘图工作，如图3-25所示。

在新建或打开DWG图样后，即可看到窗口下侧的"视图"选项卡上显示有"模型"和"布局"。在前文的介绍中，绘制或打开的图形内容都是在模型空间中进行绘制或编辑操作的，其绘制比例为1:1。

模型空间的所有特征归纳为如下几点：

（1）在模型空间中，可以绘制全比例的二维图形和三维模型，并带有尺寸标注。

（2）在模型空间中，每个视口都包含对象的一个视图。例如，设置不同的视口会得到俯视图、主视图、侧视图和立体图等。

（3）用VPORTS命可以创建视口和进行视口设置，并可以保存起来，以备后用。

（4）视口是平铺的，它们不能重叠，总是彼此相邻。

（5）在某一时刻只有一个视口处于激活状态，十字光标只能出现在一个视口中，并且只能编辑该活动的视口（如平移、缩放等）。

（6）只能打印活动的视口，如果UCS图标设置为ON，则该图标就会出现在每个视口中。

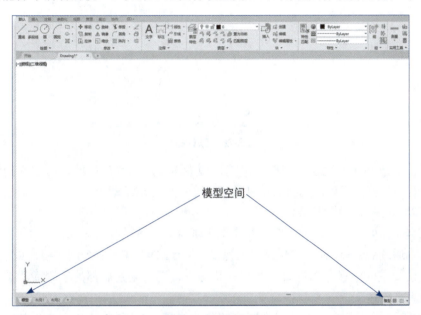

图3-25　模型空间

2）图纸空间

图纸空间可以理解为覆盖在模型空间上的一层不透明的纸。若需要从图纸空间看模型空间的内容，则必须进行"开视口"操作，即"开窗"。图纸空间是一个二维空间，也就是在图纸空间中绘制的对象虽然也有Z坐标，但是三维操作的一些相关命令在图纸空间中不能使用，导致其显示的特性与二维空间相似。图纸空间的主要作用是出图，即将模型空间中绘制的图，在图纸空间中进行调整和排版，因此，将该过程称为"布局"是非常恰当的。

在AutoCAD中，可以创建多种布局，每个布局都代表一张单独的打印输出图纸。创建新布局后就可以在布局中创建浮动视口。视口中的各个视图都可以使用不同的打印比例。

单击新建的"布局1"按钮，即进入图纸空间，其特征可归纳如下：

（1）状态栏上的"图纸"取代了"模型"，此时未进行调整的图纸空间称为默认布局，如图3-26所示。

（2）VPORTS、PS、MS和VPLAYER命令处于激活状态（只有激活MS命令后，才可使用PLAN、VPOINT和DVIEW命令）。

（3）视口的边界是实体。可以删除、移动、缩放、拉伸视口。

（4）视口的形状没有限制。例如，可以创建圆形视口、多边形视口等。

（5）视口不是平铺的，可以用各种方法将它们重叠、分离。

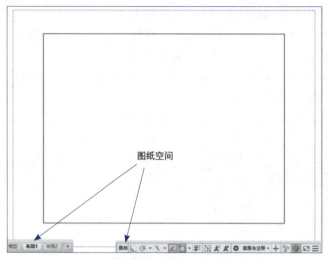

图 3-26 默认布局

（6）每个视口都在创建它的图层上，视口边界与图层的颜色相同，但边界的线型总是实线。出图时若不想打印视口，则将其单独置于一个图层上冻结即可。

（7）可以同时打印多个视口。

（8）十字光标可以不断延伸，穿过整个图形屏幕，与每个视口无关。

（9）可以通过MVIEW命令打开或关闭视口；通过SOLVIEW命令创建视口或通过VPORTS命令恢复在模型空间中保存的视口。在默认状态下，视口创建后都处于激活状态，关闭一些视口可以提高重绘速度。

（10）在打印图形且需要隐藏三维图形的隐藏线时，使用MVIEW命令中的HIDEPLOT选项拾取要隐藏的视口边界，删除默认视口后的布局如图3-27所示。

图 3-27 删除默认视口后的布局

2. 布局更名

右击"布局1"按钮,将布局更名为A3,如图3-28所示。

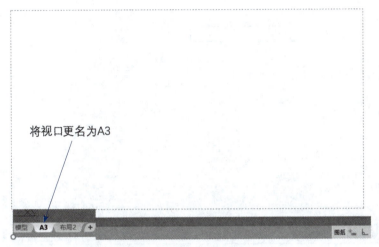

图 3-28 布局 1 更名为 A3

3. 打印机配置

单击"A3"按钮,打开"布局"选项卡,如图3-29所示,单击"页面设置"按钮,弹出图3-30所示的"页面设置管理器"对话框,单击"修改"按钮,弹出图3-31所示的"页面设置-A3"对话框,并在其中进行打印机设置。

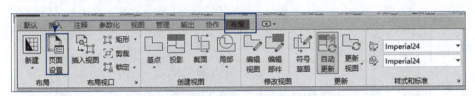

图 3-29 "布局"选项卡

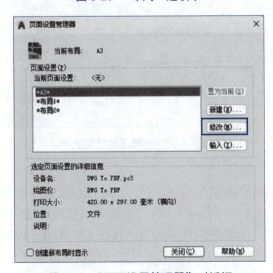

图 3-30 "页面设置管理器"对话框

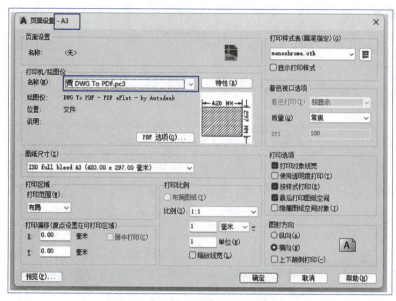

图 3-31 "页面设置-A3"对话框

在"打印机/绘图仪"选项组的"名称"下拉列表框中，选择DWG To PDF.pc3虚拟打印机，即可将文件虚拟打印为PDF格式，如图3-32所示。

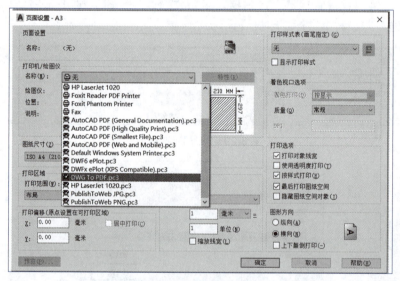

图 3-32 选择虚拟打印机

4．打印设置

选择虚拟打印机后单击"确定"按钮，弹出"绘图仪配置编辑器"对话框，在上方列表框中选择"修改标准图纸尺寸（可打印区域）"选项，以修改可打印区域，如图3-33所示。在下方"修改标准图纸尺寸"列表框中选择尺寸"ISO A3（420×297）"，即设置图纸为A3大小，如图3-34所示。此时弹出图3-35所示的"自定义图纸尺寸-可打印区域"对话框，可在其中修改图纸边界。

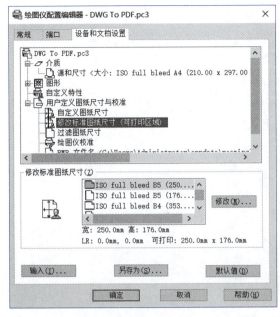
图 3-33 修改可打印区域

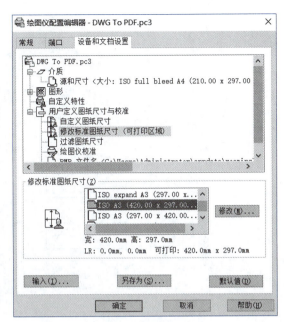
图 3-34 设置 A3 图纸

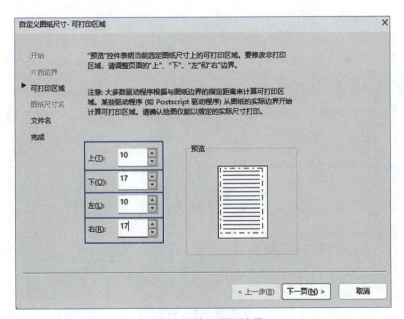
图 3-35 修改图纸边界

在上述对话框中，将A3图纸的上、下、左、右边界均改为0，如图3-36所示。单击"下一步"按钮，弹出图3-37所示"页面设置-A3"对话框，将图纸尺寸修改为"ISO A3（420×297毫米）"，图形方向选择"横向"，在"打印样式表（笔画指定）"下拉列表框中选择"monochrome.ctb"。然后单击"确定"按钮，完成PDF虚拟打印机的设置。

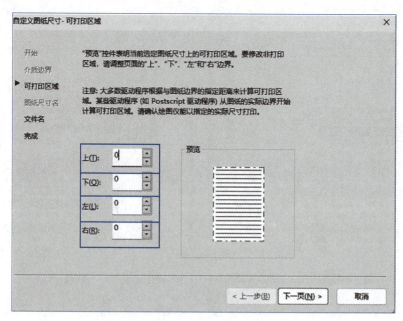

图 3-36　图纸边界为 0

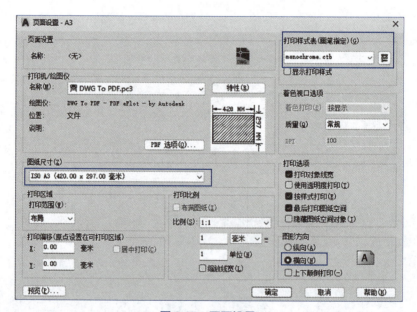

图 3-37　页面设置

5．绘制图框

在布局A3图纸中绘制，用1:1的比例按国家标准中A3图纸的幅面要求，横装并保留装订边，在0层中绘制图框和边界线。

1）绘制带属性的块标题栏

按图3-38所示的标题栏，在0层中绘制，不标注尺寸。

图 3-38 标题栏

2）定义属性

将"日期""材料""图号""图名"均定义为属性，设置"图名"字高为7、其余文字字高均为5，且所有文字均设置为居中。

3）定义图块

将标题栏连同属性一起定义为块，块名为BTL，基点选择右下角。

4）插入图块

插入该图块于图框的右下角，得到样板图如图3-39所示。

图 3-39 样板图

6．保存为样板文件

将该文件保存为样板文件，文件名为"A3.dwt"，默认保存在Template文件夹下，如图3-40所示，用户可根据需要自行设置。

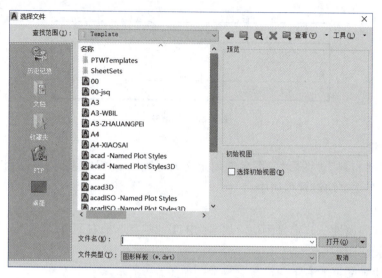

图 3-40 A3 样板默认保存路径

知识链接

1. 创建块与编辑块

块是由一个或多个对象组成的对象集合，常用于绘制复杂、重复的图形。一旦一组对象组合成块，就可以根据作图需要将这组对象插入图中任意指定位置，而且还可以按不同的比例和旋转角度插入。在 AutoCAD 中，使用块可以提高绘图速度、节省存储空间、便于修改图形。

1）创建块

在菜单栏中选择"绘图"→"块"→"创建"命令（BLOCK），弹出"块定义"对话框，可以将已绘制的对象创建为块，输入块名称，在屏幕上选择对象，指定插入点，如图 3-41 所示。

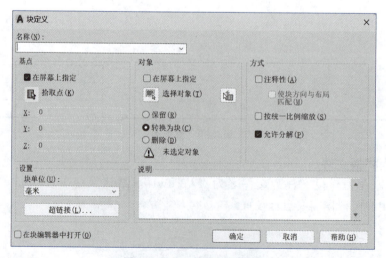

图 3-41 "块定义"对话框

2）插入块

在菜单栏中选择"插入"→"块"命令（INSERT），弹出"块"对话框。用户可以利用它在图形中插入块或其他图形，并且在插入块的同时还可以改变所插入块或图形的比例与旋转角度，如图3-42所示。

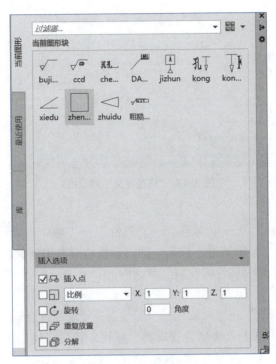

图 3-42　插入块

3）存储块

在AutoCAD 2021中，可在命令行输入WBLOCK，弹出"写块"对话框，此时可以将块以文件的形式写入。

2．编辑与管理块属性

块属性是附属于块的非图形信息，是块的组成部分，可包含在块定义中的文字对象。在定义一个块时，属性必须预先定义而后选定。通常属性用于在块的插入过程中进行自动注释。

1）创建并使用带有属性的块

在菜单栏中选择"绘图"→"块"→"定义属性"命令（ATTDEF），弹出"属性定义"对话框，可以创建块属性，在屏幕上选择插入点，如图3-43所示。

2）在图形中插入带属性定义的块

在创建带有附加属性的块时，需要同时选择块属性作为块的成员对象。带有属性的块创建完成后，即可使用插入块命令，在文档中插入该块。

3）修改属性定义

在菜单栏中选择"修改"→"对象"→"文字"→"编辑"命令（DDEDIT）或双击块属性，打开"编辑属性定义"对话框。使用"标记""提示""默认"文本框可以编辑块中定义的标记、提示及默认值属性。

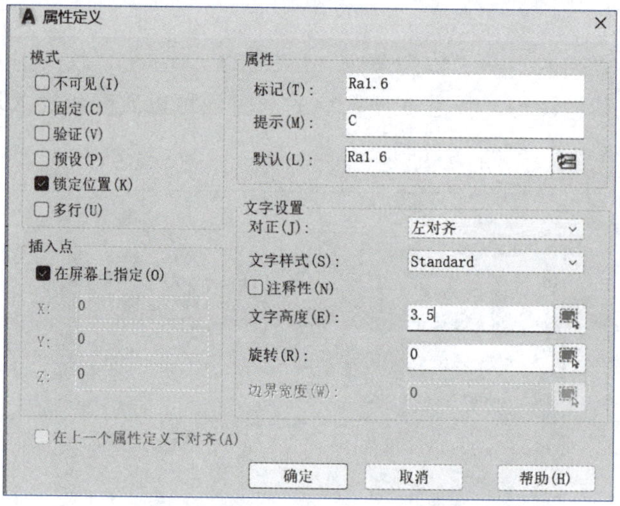

图 3-43 "属性定义"对话框

4）编辑块属性

在菜单栏中选择"修改"→"对象"→"属性"→"单个"命令（EATTEDIT），或在"修改Ⅱ"工具栏中单击"编辑属性"按钮，即可编辑块对象的属性。在绘图窗口中选择需要编辑的块对象后，打开"增强属性编辑器"对话框。

5）块属性管理器

在菜单栏中选择"修改"→"对象"→"属性"→"块属性管理器"命令（BATTMAN），或在"修改Ⅱ"工具栏中单击"块属性管理器"按钮，弹出"块属性管理器"对话框，可在其中管理块中的属性。

3. 使用外部参照

外部参照与块有相似的地方，但它们的主要区别是：一旦插入了块，该块就永久性地插入到当前图形中，成为当前图形的一部分；而以外部参照方式将图形插入某一图形（又称主图形）后，被插入图形文件的信息并不直接加入主图形中，主图形只是记录参照的关系，如参照图形文件的路径等信息。另外，对主图形的操作不会改变外部参照图形文件的内容。当打开具有外部参照的图形时，系统会自动把各外部参照图形文件重新调入内存并在当前图形中显示出来。

1）附着外部参照

在菜单栏中选择"插入"→"外部参照"命令（EXTERNALREFERENCES），打开"外部参照"选项板。在选项板上方单击"附着DWG"按钮，或在"参照"工具栏中单击"附着外部参照"按钮，弹出"选择参照文件"对话框。选择参照文件后，弹出"外部参照"对话框，利用该对话框可以将图形文件以外部参照的形式插入到当前图形中。

2）插入DWG、DWF、DGN参考底图

在AutoCAD 2021中有插入DWG、DWF、DGN参考底图的功能，该类功能和附着外部参照功能相同，用户可以在"插入"菜单栏中选择相关命令。

3）管理外部参照

在AutoCAD 2021中，用户可以在"外部参照"选项板中对外部参照进行编辑和管理。用户单击选项板上方的"附着"按钮可以添加不同格式的外部参照文件;在选项板下方的"外部参照"列表框中显示当前图形中各个外部参照文件名称;选择任意一个外部参照文件后,在下方"详细信息"选项组中显示该外部参照的名称、加载状态、文件大小、参照类型、参照日期及参照文件的存储路径等内容。

4)参照管理器

AutoCAD图形可以参照多种外部文件,包括图形、文字字体、图像和打印配置,这些参照文件的路径保存在每个AutoCAD图形中。有时可能需要将图形文件或它们参照的文件移动到其他文件夹或其他磁盘驱动器中,这时就需要更新保存的参照路径。

Autodesk参照管理器提供了多种工具,列出选定图形中的参照文件,可以直接修改保存的参照路径而不必打开AutoCAD中的图形文件,也可以对参照文件进行处理,或设置参照管理器的显示形式。

任务二 绘制轴类零件图

任务描述

轴类零件多在车床上加工,为了读图方便,此类零件主视图通常选择加工位置为主视图,即将其轴线水平放置。用主视图表达其主要结构,而键槽等局部结构采用断面图、局部视图等进行表达。绘制一张图3-44所示的锥形塞零件图。

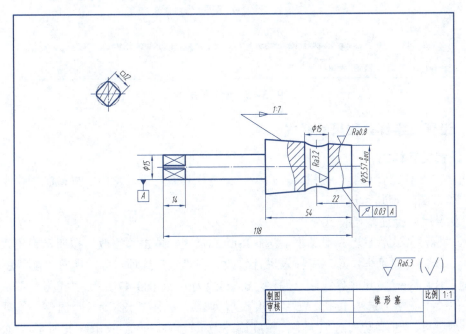

图3-44 锥形塞

任务实施

一、设置绘图环境

```
命令：LIMITS✓
指定左下角点或[开(ON)/关(OFF)]<0.0000,0,0000>:✓（若当前值不为"0,0"，则先输入"0,0"，注意在半角状态输入）
指定右上角点<420,297>: 297,210✓
命令：Z✓
指定窗口角点，输入比例因子（nX或nXP），或[全部(A)/中心点(C)/动态(D)/范围(E)/上一个(P)/比例(S)/窗口(W)]<实时>:A✓
```

二、创建图层

单击"图层特性管理器"按钮 ，进入图层特性管理器，创建新图层[①]，如图3-45所示。

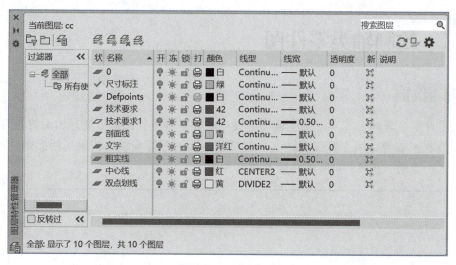

图 3-45 设置图层

三、设置文字样式和尺寸样式

1. 设置文字样式

单击"文字样式管理器"按钮 ，弹出"文字样式"对话框，由于机械制图中字体为长仿宋字，可按图3-46进行设置。

2. 设置尺寸标注基础样式

进入"标注样式管理器"对话框，选择ISO-25样式，单击"修改"按钮，弹出"修改标注样式：ISO-25"对话框，对现有样式进行修改。在"线"选项卡中，所有"随块ByBlock"改为"随层ByLayer"，尺寸界线起点偏移量0.625改为0，如图3-47所示。"符号与箭头"选项卡保持不变。"文字"选项卡中，文字高度设置为3.5，如图3-48所示。"调整"选项卡按照图3-49所示设置。"主单位"选项卡中，精度调整为小数点后三位，如图3-50所示。"公差"选

[①] 创建新图层的一般设置见附录 A。

项卡按照图3-51所示设置;如无公差则在"方式"下拉列表框中选择"无",此时选项卡如图3-52所示。

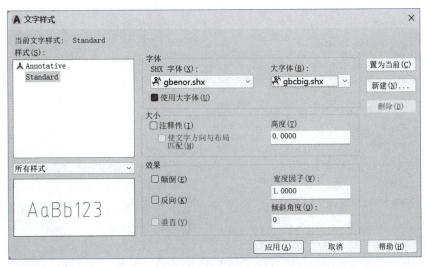

图 3-46 设置文字样式

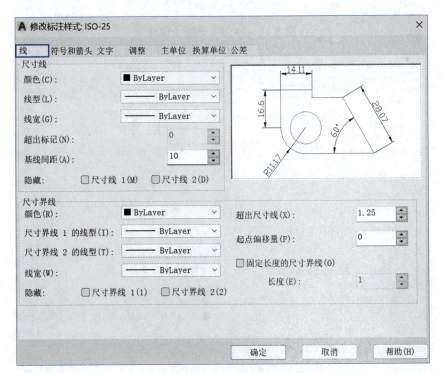

图 3-47 "线"选项卡设置

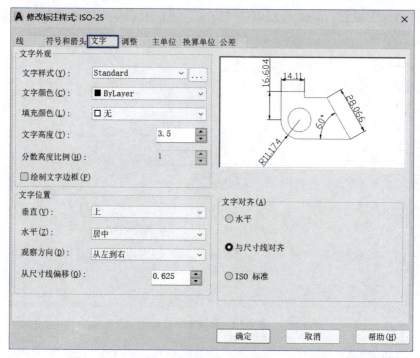

图 3-48 "文字"选项卡设置

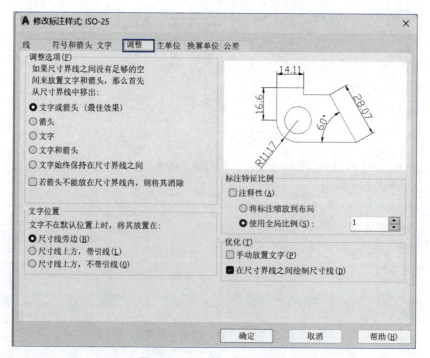

图 3-49 "调整"选项卡设置

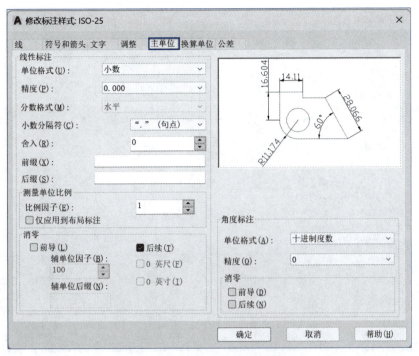

图 3-50 "主单位"选项卡设置

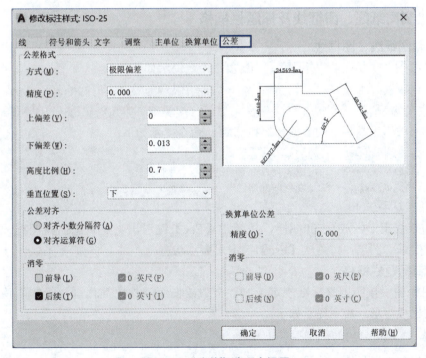

图 3-51 "公差"选项卡设置

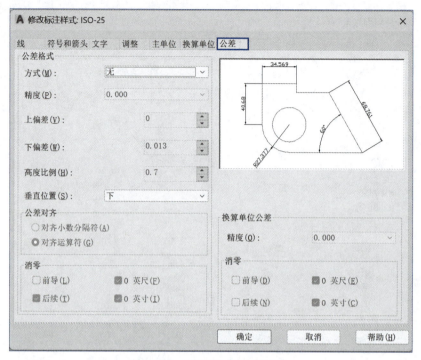

图 3-52 "公差"选项卡设置

四、绘制图纸线、图框线及标题栏框格

1. 绘制图纸线、图框线

单击"绘图"工具栏的"矩形"按钮，命令提示如下：

```
指定第一个角点或[倒角(C)/标高(E)/圆角(F)/厚度(T)/宽度(W)]: 0,0↙（输入矩形左下角点坐标）
指定另一个角点或[尺寸(D)]: 297,210↙（输入矩形右上角点坐标）
```

单击"修改"工具栏中的"偏移"按钮，命令提示如下：

```
指定偏移距离或[通过(T)]<通过>: 10↙
选择要偏移的对象或<退出>:（选择刚绘制的矩形）
指定点以确定偏移所在一侧:（在矩形内侧任何一点处单击）
选择要偏移的对象或<退出>: ↙
```

选中图纸线矩形，放置在0图层，按两次【Esc】键退出夹点状态；将图框线矩形选中，放置在"粗实线"图层，按两次【Esc】键退出夹点状态。

2. 绘制标题栏框格

零件图标题栏按照国家标准规定绘制，一般绘图练习按照简化画法绘制。使用"分解"命令分解图框线矩形。命令提示如下：

```
选择对象:（选择图框线矩形）
```

单击"修改"工具栏中的"偏移"按钮，命令提示如下：

```
指定偏移距离或[通过(T)]<10>: 120↙
选择要偏移的对象或<退出>:（选择图框线右侧的竖线）
指定点以确定偏移所在一侧:（在竖线左侧单击）
```

```
选择要偏移的对象或<退出>：↙
命令：↙（重复上一个指令）
指定偏移距离或[通过(T)]<180>：21↙
选择要偏移的对象或<退出>：（选择图框线下侧的横线）
指定点以确定偏移所在一侧：（在横线上方单击）
选择要偏移的对象或<退出>：↙
```

单击"修改"工具栏中的"修剪"按钮，命令提示如下：

```
TRIM [剪切边(T)/窗交(C)/模式(O)/投影(P)/删除(R)]：（用拾取框选取需要剪除的部分）
```

标题栏框格如图3-53所示。

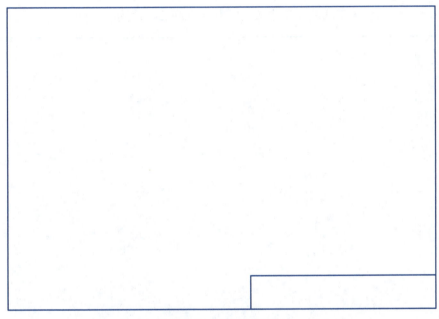

图 3-53 标题栏框格

使用"偏移"和"修剪"命令在标题栏框格中添加框线，尺寸分别为10、25、20、45、10、10，行距为7，书写5号字。

单击"修改"工具栏中的"偏移"按钮，命令提示如下：

```
指定偏移距离或[通过(T)]<120>：10↙
选择要偏移的对象或<退出>：（选择图框线左侧的竖线）
指定点以确定偏移所在一侧：（在竖线右侧单击）
选择要偏移的对象或<退出>：↙
命令：↙（重复上一个指令）
指定偏移距离或[通过(T)]<10>：25↙
选择要偏移的对象或<退出>：（选择刚偏移的竖线）
指定点以确定偏移所在一侧：（在竖线右侧单击）
选择要偏移的对象或<退出>：↙
命令：↙（重复上一个指令）
指定偏移距离或[通过(T)]<10>：20↙
选择要偏移的对象或<退出>：（选择刚偏移的竖线）
指定点以确定偏移所在一侧：（在竖线右侧单击）
选择要偏移的对象或<退出>：↙
```

同理完成45和10偏移线。

```
命令: ↙（重复上一个指令）
指定偏移距离或[通过(T)]<10>: 7↙
选择要偏移的对象或<退出>:（选择标题栏上侧的横线）
指定点以确定偏移所在一侧:（在横线下侧单击）
选择要偏移的对象或<退出>: ↙
```

同理完成另一条距离7的横线。

单击"修改"工具栏中的"修剪"按钮，命令提示如下：

```
TRIM [剪切边(T)/窗交(C)/模式(O)/投影(P)/删除(R)]:（用拾取框选取需要剪除的部分）
```

注意标题栏中间线为细实线，选中改为0图层，如图3-54所示。

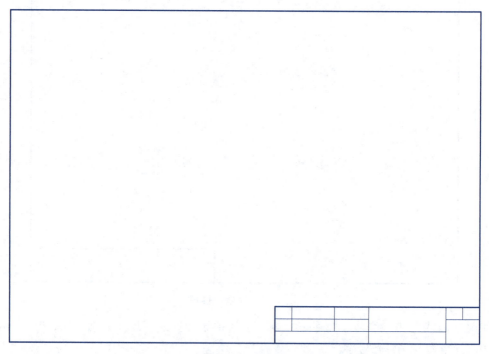

图 3-54　标题栏

五、绘制图形

1．布局

将"中心线"图层设置为当前图层，绘制中心线。

单击"绘图"工具栏中的"直线"按钮，命令提示如下：

```
指定第一点:（单击定位置）
指定下一点或[放弃(U)]:（启用正交模式，确定位置）
```

注意两条粗实线竖线距离为118，绘制第一条竖线1后，使用"偏移"命令得到第二条竖线2。

单击"修改"工具栏中的"偏移"按钮，命令提示如下：

指定偏移距离或[通过(T)]<10>: 118✓
选择要偏移的对象或<退出>: （选择竖线1）
指定点以确定偏移所在一侧: （在竖线右侧单击）
选择要偏移的对象或<退出>: ✓

若图形位置不合适，可进行移动调整，如图3-55所示。

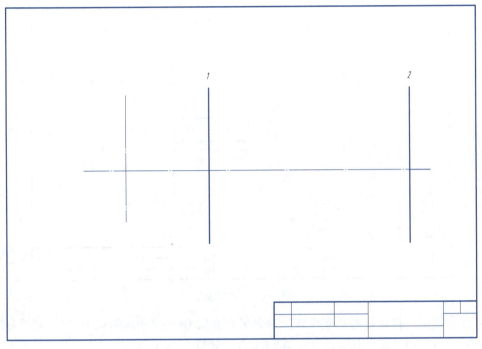

图 3-55　布局

2．绘制图形

单击"修改"工具栏中的"偏移"按钮，命令提示如下：

指定偏移距离或[通过(T)]<10>: 14✓
选择要偏移的对象或<退出>: （选择竖线1）
指定点以确定偏移所在一侧: （在竖线右侧单击）
选择要偏移的对象或<退出>: ✓
命令: ✓（重复上一个指令）
指定偏移距离或[通过(T)]<14>: 22✓
选择要偏移的对象或<退出>: （选择竖线2）
指定点以确定偏移所在一侧: （在竖线左侧单击）
选择要偏移的对象或<退出>: ✓

选中该条直线，把粗实线图层改为点画线图层，并按【Esc】键两次。

命令: ✓（重复上一个指令）
指定偏移距离或[通过(T)]<22>: 54✓
选择要偏移的对象或<退出>: （选择竖线2）
指定点以确定偏移所在一侧: （在竖线左侧单击）
选择要偏移的对象或<退出>: ✓

单击"修改"工具栏中的"修剪"按钮，命令提示如下：

TRIM [剪切边(T)/窗交(C)/模式(O)/投影(P)/删除(R)]：(用拾取框选取需要剪除的部分)

得到线型如图3-56所示。

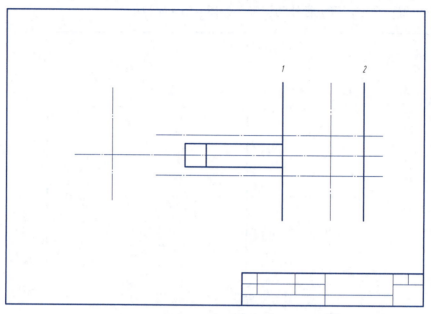

图 3-56　绘制线型

1:7锥度绘制，首先启用正交模式，绘制竖直直线*AB*长度10，捕捉中点*C*，以*C*为起始点绘制直线*CD*长度70，连接*AD*，*AD*即为锥度1:7，如图3-57所示。

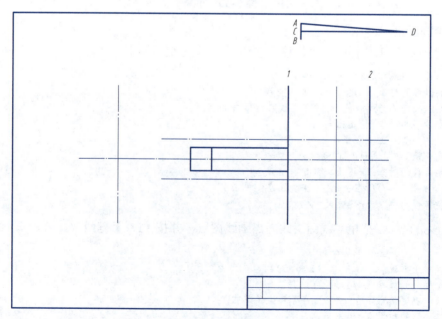

图 3-57　绘制锥度

将图形中心线偏移12.785,得到直线EF,通过交点E绘制直线HG平行于AD,直线HG锥度为1:7且通过E点,从而保证25.57的尺寸。

单击"修改"工具栏中的"偏移"按钮,命令提示如下:

```
指定偏移距离或[通过(T)]<10>: 12.875↙
选择要偏移的对象或<退出>:(选择中心线)
指定点以确定偏移所在一侧:(在中心线上方、下方分别单击)
选择要偏移的对象或<退出>: ↙
```

单击"修改"工具栏中的"偏移"按钮,命令提示如下:

```
指定偏移距离或[通过(T)]<10>: T↙
选择要偏移的对象或<退出>:(选择直线AD)
选择要偏移的对象,或[退出(E)/放弃(U)]<退出>:(选择直线AD)
指定通过点或[退出(E)/多个(M)/放弃(U)]<退出>:(选择点E)
选择要偏移的对象或<退出>: ↙
```

得到偏移后直线GE,如图3-58所示。

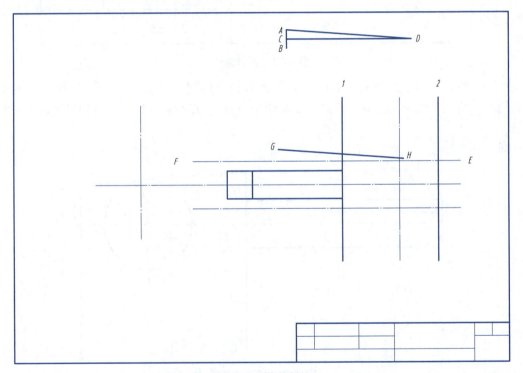

图3-58 偏移斜线

延伸直线GH到点E,如图3-59所示。
单击"修改"工具栏中的"延伸"按钮,命令提示如下:

```
EXTEND [边界边(T)/窗交(C)/模式(O)/投影(P)]:(选择直线GH)
```

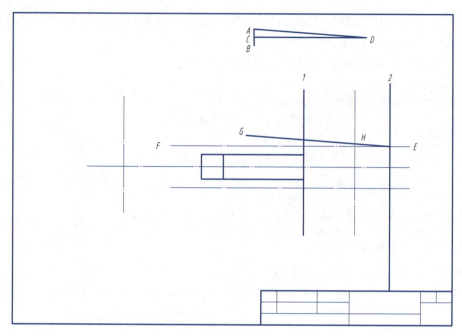

图 3-59 延伸直线

绘制相贯线，中心线两侧各偏移7.5，得到直径15的圆孔，以点2为圆心，线段12为半径绘制圆，交两侧直线于点3和4，连接34交轴线于点5，三点圆弧连接，得到相贯线，如图3-60所示。

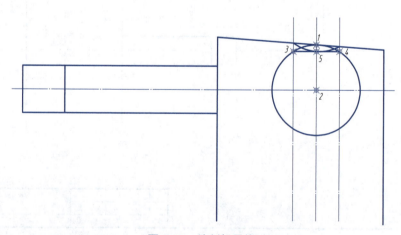

图 3-60 绘制相贯线

修剪圆弧，使用"镜像"命令得到对称部分，如图3-61所示。单击"修改"工具栏中的"镜像"按钮，命令提示如下：

```
选择对象：(选中锥度1:7的直线及圆弧)
指定镜像线的第一点：(选择横向轴线左侧端点)
指定镜像线的第二点：(选择横向轴线右侧端点)
要删除源对象吗[是(Y)/否(N)]:N↙
```

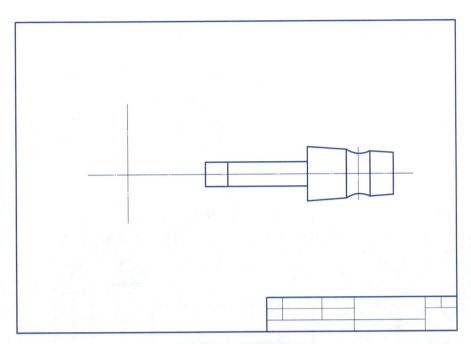

图 3-61 镜像图形

绘制端面，打开极轴开关，设置增量角45°。绘制45°和135°直线，通过圆心，双向偏移长度各6，如图3-62所示。

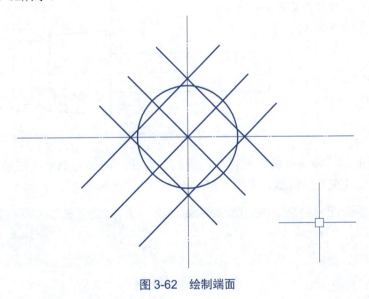

图 3-62 绘制端面

修剪多余线条，如图3-63所示。

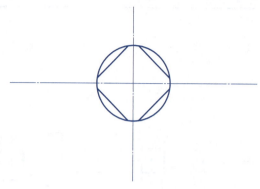

图 3-63 修剪多余线条

使用"打断"按钮，得到双点画线圆弧，从交点处投影得到主视图直线，如图3-64所示。

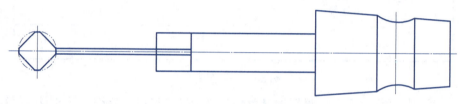

图 3-64 打断圆弧

修剪并绘制平面符号，如图3-65所示。

图 3-65 绘制平面符号

单击工具栏中的"样条曲线"按钮，绘制剖面线。图层为剖面线图层，单击"修改"工具栏中的"图案填充"按钮，图案选择ANSI31，如图3-66所示。

图 3-66 剖面线设置

命令提示如下：

正在分析孤岛...
拾取内部点或[选择对象(S)/删除边界(B)]:✓

在弹出的对话框中单击"确定"按钮，得到剖面线如图3-67所示。

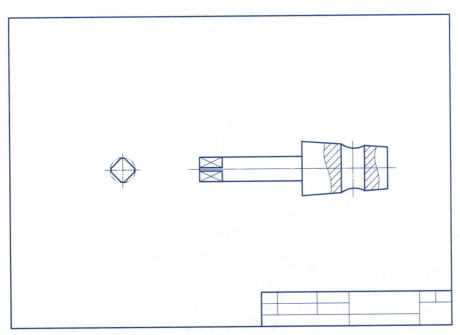

图 3-67 填充剖面线

六、尺寸标注

文字样式、尺寸标注样式按照前文方法设置为ISO-25，新建公差样式，如图3-68所示。

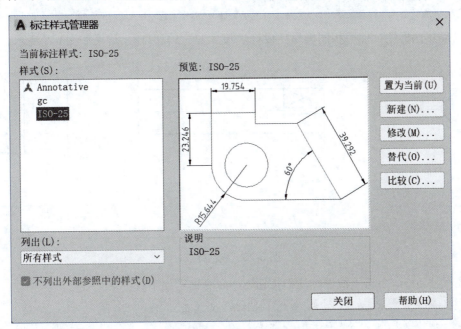

图 3-68 新建公差样式

公差设置如图3-69所示。

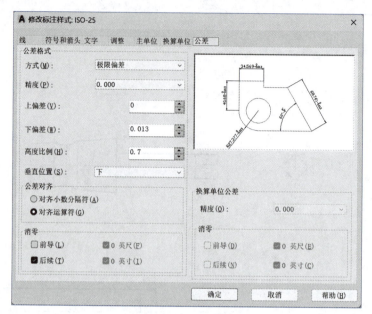

图 3-69 公差设置

将 ISO-25 样式选择置为当前，在菜单栏中选择"标注"→"线性标注"命令，或单击"尺寸标注"工具栏中的"线性标注"按钮，命令提示如下：

```
指定第一个尺寸界线原点或<选择对象>：(选择第一个端点)
指定第二个尺寸界线原点：(选择第二个端点)
指定尺寸线位置或[多行文字(M)/文字(T)/角度(A)/水平(H)/垂直(V)/旋转(R)]：(选择指定位置)
```

完成尺寸14标注，使用相同操作完成标注尺寸22、54和118，结果如图3-70所示。

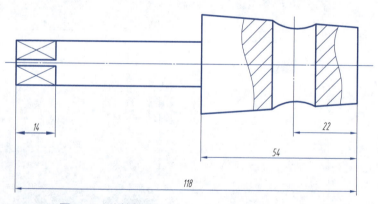

图 3-70 线性标注

标注尺寸 $\phi 15$，单击"线性标注"按钮，命令提示如下：

```
指定第一个尺寸界线原点或<选择对象>：(选择第一个端点)
指定第二个尺寸界线原点：(选择第二个端点)
指定尺寸线位置或[多行文字(M)/文字(T)/角度(A)/水平(H)/垂直(V)/旋转(R)]：M↙
```

右击标注，在弹出的快捷菜单中选择"符号"→"直径"命令，标注尺寸 $\phi 15$，如图3-71所示。

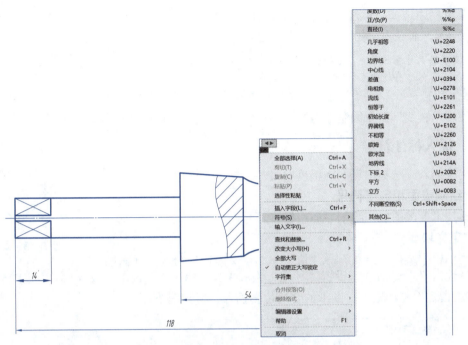

图 3-71　标注尺寸 $\phi 15$

将公差样式置为当前，标注尺寸公差，单击"线性标注"按钮，命令提示如下：

指定第一个尺寸界线原点或<选择对象>：(选择第一个端点)
指定第二个尺寸界线原点：(选择第二个端点)
指定尺寸线位置或[多行文字(M)/文字(T)/角度(A)/水平(H)/垂直(V)/旋转(R)]：M↵

右击标注并选择直径，完成标注尺寸公差，如图3-72所示。

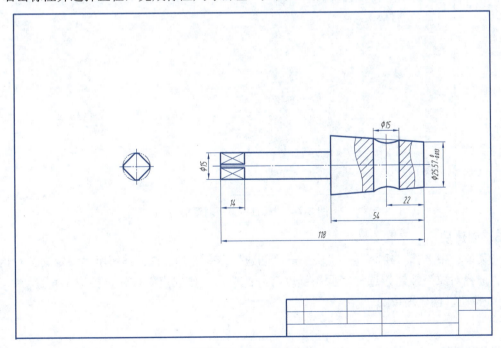

图 3-72　标注尺寸公差

在菜单栏中选择"标注"→"对齐标注"命令，或单击"尺寸标注"工具栏中的"对齐标注"按钮，命令提示如下：

指定第一个尺寸界线原点或<选择对象>：（选择第一个端点）
指定第二个尺寸界线原点：（选择第二个端点）
指定尺寸线位置或[多行文字(M)/文字(T)/角度(A)/水平(H)/垂直(V)/旋转(R)]：（指定位置）

再使用"直线"命令绘制正方形符号，标注12×12，如图3-73所示。

七、插入标注符号

采用块插入方法标注表面粗糙度符号。

1. 绘制表面粗糙度符号

选择技术要求图层，绘制表面粗糙度符号①。

2. 定义块属性

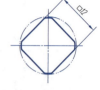

图3-73 对齐标注

在菜单栏中选择"绘图"→"块"→"定义属性"命令，弹出图3-74所示"属性定义"对话框。设置"标记"为Ra3.2，"提示"为ccd，"文字高度"为3.5；选中"在屏幕上指定"复选框，在图纸的合适位置插入，得到图块。

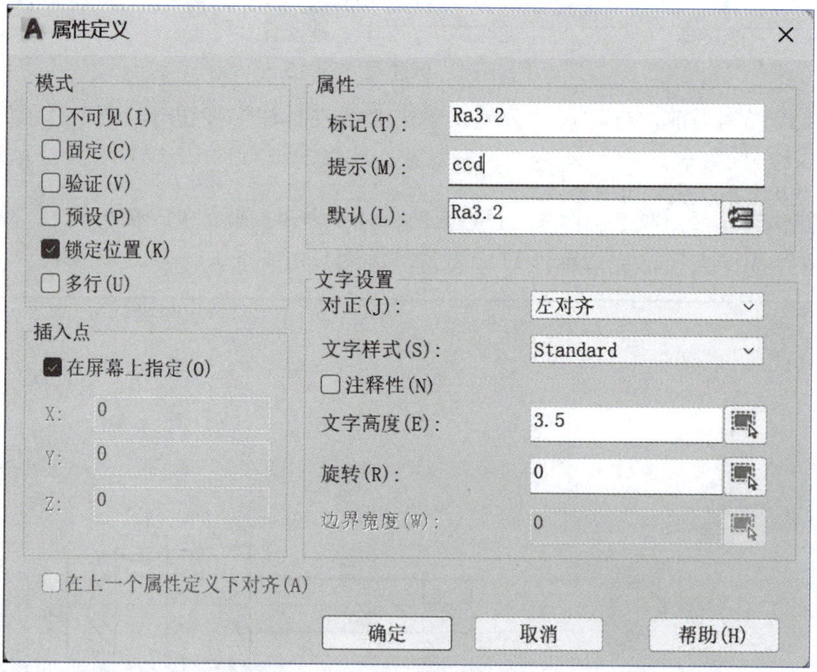

图3-74 "属性定义"对话框

3. 创建块

在菜单栏中选择"绘图"→"块"→"创建"命令，弹出图3-75所示"块定义"对话框，单击"选择对象"按钮，选择表面粗糙度符号；单击"拾取点"按钮，拾取下角交点，单击"确定"按钮，创建图块k2。

---

① 表面粗糙度符号的绘制尺寸要求见附录B。

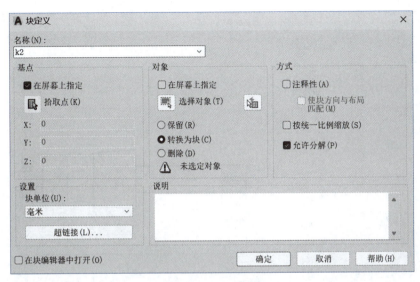

图 3-75　创建块

4. 插入块

在菜单栏中选择"插入"→"块"命令,弹出图3-76所示"块"窗口。

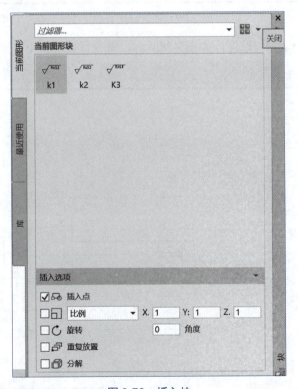

图 3-76　插入块

在上述窗口中选择块,在图纸上指定合适位置,插入块Ra3.2,如图3-77所示,命令行提示如下:

输入属性值ccd<Ra3.2>:✓

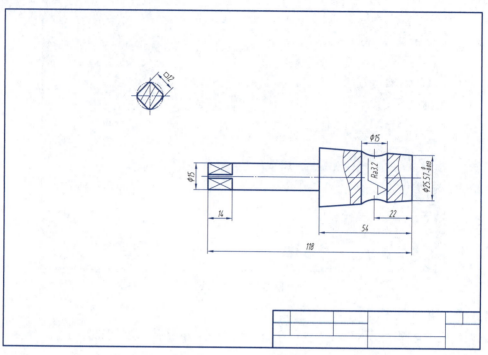

图 3-77　插入标注 Ra3.2

继续插入Ra0.8，标注1:7锥度，如图3-78所示，命令行提示如下：

输入属性值ccd<Ra3.2>:Ra0.8

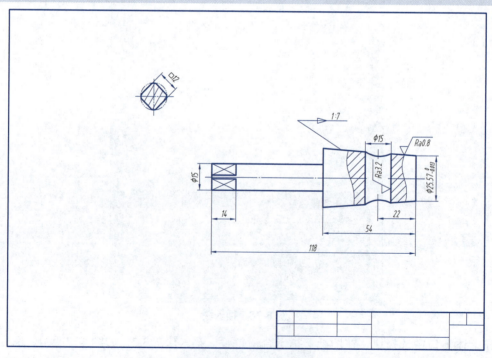

图 3-78　插入标注 Ra0.8

绘制基准符号①，如图3-79所示。

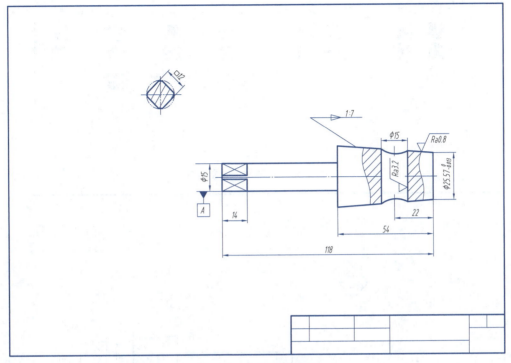

图 3-79　绘制基准符号

在菜单栏中选择"标注"→"形位公差"命令，弹出"形位公差"对话框，单击"符号"按钮，如图3-80所示；选择跳动符号，填写公差值及基准符号，如图3-81所示；单击"确定"按钮，完成形位公差标注，如图3-82所示。

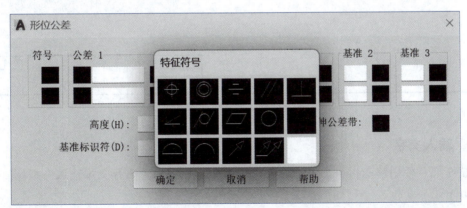

图 3-80　"形位公差"对话框

---

① 基准符号的绘制尺寸要求见附录 B。

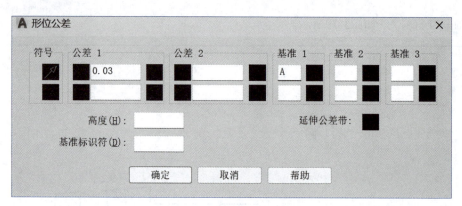

图 3-81　选择形位公差符号

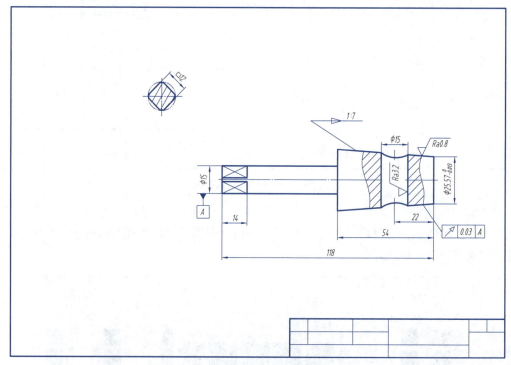

图 3-82　标注形位公差

八、输入文字

调整布局，使用移动指令，文字输入，单击工具栏中的"多行文本输入"按钮 A，命令行提示如下：

```
指定第一角点：（选择标题栏左上角点）
指定对角点或[高度(H)/对正(J)/行距(L)/旋转(R)/样式(S)/宽度(W)]：H↙
指定高度<3.5>:5↙
指定对角点或[高度(H)/对正(J)/行距(L)/旋转(R)/样式(S)/宽度(W)]：J↙
输入对正方式[左上(TL)/中上(TC)/右上(TR)/左中(ML)/正中(MC)/右中(MR)/左下(BL)/中下(BC)/右下(BR)]：MC↙
指定对角点或[高度(H)/对正(J)/行距(L)/旋转(R)/样式(S)/宽度(W)]：（选择标题栏右下角点）
```

输入对应文字，如图3-83所示。

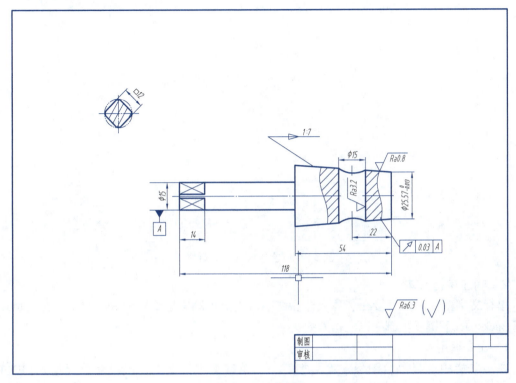

图 3-83　文字输入

知识链接

一、文字标注

文字普遍存在于工程图中，如技术要求、标题栏、明细栏的内容，在尺寸标注时注写的尺寸数值等。

1. 设置文字样式

在不同的场合会使用到不同的文字样式，所以设置文字样式是文字注写的首要任务。

1）命令调用

在菜单栏中选择"格式"→"文字样式"命令，或在命令行输入STYLE。

执行"文字样式"命令后，弹出"文字样式"对话框，如图3-84所示，在该对话框中对文字样式进行编辑。

2）说明

文字样式的改变直接影响使用TEXT和DTEXT命令注写的文字，而用MTEXT命令注写的文字不一定受到其影响。

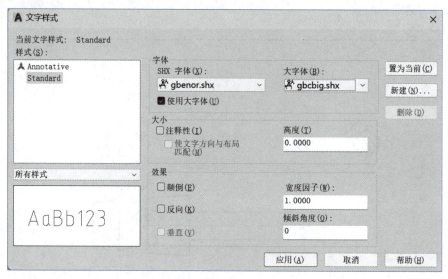

图 3-84 "文字样式"对话框

2．标注单行文本

单行文字主要用于直接在屏幕上标注文字，用户可动态地看到输入的文字，并且可以使用【Backspace】键逐步删除已经输入的文字。

1）命令调用

在菜单栏中选择"绘图"→"文字"→"单行文字"命令，或在命令行输入TEXT或DTEXT。

执行"单行文字"命令后，系统出现如下提示：

指定文字的起点或[对正(J)/样式(S)]:（指定文字的起点，默认情况下对正点为左对齐；输入J设置对正方式；输入S设置文字样式）

（1）指定文字的起点后，系统提示如下：

指定高度:（输入文字高度）
指定文字旋转角度:（输入旋转角度）
输入文字:（输入需要的文字）

（2）输入J后，系统提示如下：

[对齐(A)/调整(F)/中心(C)/中间(M)/右(R)/左上(TL)/中上(TC)/右上(TR)/左中(ML)/正中(MC)/右中(MR)/左下(BL)/中下(BC)/右下(BR)]:

① 对齐(A)：通过指定基线端点指定文字的高度，保持字体的高和宽之比不变。

② 调整(F)：通过指定基线端点和文字高度调整文字的宽度，以便将文本放置在两点之间。

③ 中心(C)：以基线的水平中点对齐文字。

④ 中间(M)：以基线的水平中点和高度垂直中点对齐文字。

⑤ 右(R)：在基线上靠右对齐文字，基线由用户指定。

（3）输入S后，系统提示如下：

输入样式名或[?]<Standard>:（输入文字样式或输入"?"列出所有文字样式，当前样式为Standard）

2）说明

在AutoCAD中有些字符无法通过标准键盘直接输入，可以通过下列特定的编码输入。

代 码	对应字符
%%o	上画线
%%u	下画线
%%d	度°
%%c	直径 ϕ
%%p	正负号 ±
%%%	%
%%nnn	ASCIInnn 码对应的字符

3）举例

用单行文字输入命令在矩形正中输入文字，如图3-85所示。

```
命令: Text↙
当前文字样式:（选择Standard）
文字高度: 10
指定文字的起点或[对正(J)/样式(S)]: J↙
[对齐(A)/调整(F)/中心(C)/中间(M)/右(R)/左上(TL)/中上(TC)/右上(TR)/左中(ML)/正中(MC)/右中(MR)/左下(BL)/中下(BC)/右下(BR)]: MC↙
指定文字的中间点:（捕捉矩形中心点）
指定文字的旋转角度<0>: ↙
输入文字: 文字与技术要求↙
输入文字: ↙
```

文字与技术要求

图 3-85 单行文字输入

3．标注多行文本

多行文字又称段落文字，该命令允许用户一次创建多行文字，而且可以设定其中的不同文字具有不同的字体、样式、颜色、高度等特性。

命令调用

单击"绘图"工具栏中的"多行文字"按钮**A**，或在菜单栏中选择"绘图"→"文字"→"多行文字"命令，或在命令行输入MTEXT，如图3-86所示。

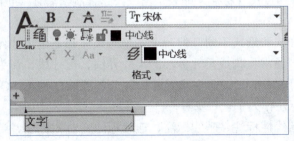

图 3-86 多行文字输入

执行"多行文字"命令后,系统出现如下提示:

指定第一角点:(指定一个点)
指定对角点或[高度(H)/对正(J)/行距(L)/旋转(R)/样式(S)/宽度(W)]:

指定对角点后弹出"文字格式"对话框,其中各选项的含义如下:
(1)"样式名"下拉列表框:设定和显示当前文字的样式名。
(2)"字体名"下拉列表框:设定和显示当前设定的字体。
(3)"高度"下拉列表框:设定和显示当前字体的高度。
(4) B 按钮:将文字变为粗体。
(5) I 按钮:将文字变为斜体。
(6) U 按钮:将文字添加下画线。
(7) 按钮:将文本中的分数采用上下堆叠的方式表示。
(8)"文字颜色"下拉列表框:用于设定文字的颜色。

4.编辑文本标注

1)命令调用

在菜单栏中选择"修改"→"对象"→"文字编辑"命令,或在命令行输入DDEDIT。
执行"文字编辑"命令后,系统出现如下提示:

选择注释对象或[放弃(U)]:(选择对象)

(1)如果选择对象为单行文字,则弹出"编辑文字"对话框,用户可利用此对话框修改文字内容。
(2)如果选择对象为多行文字,则弹出"文字格式"对话框,用户可进行文字的编辑和修改。

2)说明

(1)文字的特性也可通过"特性"对话框进行编辑。用户选择需要编辑的文本,再单击"标准"工具栏中的"特性"按钮,弹出"特性"对话框,从中选择相关属性即可进行编辑。
(2)必须注意字体和特殊字符的兼容性,否则会出现"?"替代输入的字符。

二、尺寸标注

尺寸在图样中是不可缺少的组成部分,一幅按比例绘制出来的精确图样对工程师来说,所传达的信息往往是不够的。因为图形只能反映实物的形状,而物体各部分的真实大小和它们之间的确切位置只有通过尺寸标注才能表达出来,这样制造者才能正确建造出设计的产品。

1.标注尺寸

虽然尺寸标注的样式和形式不同,但一个完整的尺寸都是由尺寸界线、尺寸线、箭头和尺寸文本四部分组成。通常将构成尺寸标注的尺寸界线、尺寸线、箭头和尺寸文本以块的形式存储,除非用户使用EXPLODE命令将尺寸标注分解或将DIMASSOC变量设置为0,否则AutoCAD默认将尺寸标注作为单一对象看待。

尺寸标注类型包括线性标注、基线标注、连续标注、对齐标注、半径与直径标注、角度标注等。

1)线性尺寸标注

线性尺寸标注用于标注直线和两点间的距离。

(1) 命令调用。

单击"标注"工具栏中的"线性标注"按钮▦，或在菜单栏中选择"标注"→"线性"命令，或在命令行输入DIMLINEAR。

执行"线性标注"命令后，系统出现如下提示：

指定第一条尺寸界线原点或<选择对象>：（指定第一条尺寸界线的原点，或按【Enter】键选择标注对象）

指定第一条尺寸界线原点后，系统出现如下提示：

指定第二条尺寸界线原点：指定第二条尺寸界线的原点。
指定尺寸线位置或[多行文字(M)/文字(T)/角度(A)/水平(H)/垂直(V)/旋转(R)]：

① 多行文字(M)：多行文字输入。
② 文字(T)：在命令行输入单行文字。
③ 角度(A)：指定标注文字的角度。
④ 水平(H)：标注水平尺寸线。
⑤ 垂直(V)：标注垂直尺寸线。
⑥ 旋转(R)：指定尺寸线的角度。

(2) 说明。

一般情况下，在设置好尺寸标注样式后进行尺寸标注。

2) 连续尺寸标注

该尺寸标注可以方便、迅速地标注同一列或行上的尺寸，生成首尾相接的连续尺寸线。在连续尺寸标注之前，应先标注出一个相应尺寸，AutoCAD会将该标注作为基准，进行连续标注。

(1) 命令调用。

单击"标注"工具栏中的"连续标注"按钮▦，或在菜单栏中选择"标注"→"连续"命令，或在命令行输入DIMCONTINUE。

执行"连续标注"命令后，系统出现如下提示：

指定第二条尺寸界线原点或[放弃(U)/选择(S)] <选择>：（指定第二条尺寸界线的起始位置；输入U放弃上一个连续尺寸标注；输入S重新选择一个尺寸界线作为连续标注的基准）

指定第二条尺寸界线的原点后，系统出现如下提示：

指定第二条尺寸界线原点或[放弃(U)/选择(S)] <选择>：（继续进行多个尺寸的连续标注）

(2) 举例。

对图形进行连续尺寸标注，如图3-87所示。

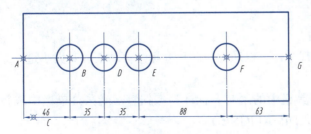

图3-87 连续尺寸标注

```
命令: DIMLINEAR↙
指定第一条尺寸界线原点或<选择对象>:（选择点A）
指定第二条尺寸界线的原点:（选择点B）
指定尺寸线位置或[多行文字(M)/文字(T)/角度(A)/水平(H)/垂直(V)/旋转(R)]:（选择点C）
命令: DIMCONTINUE↙
指定第二条尺寸界线原点或[放弃(U)/选择(S)] <选择>:（指定点D，标注第二个尺寸）
指定第二条尺寸界线原点或[放弃(U)/选择(S)] <选择>:（继续选择点E、F、G，进行多个尺寸的连续标注）↙
选择连续标注: ↙
```

3）基线尺寸标注

在基线尺寸标注之前，应先标注出一个相应尺寸，AutoCAD会将该尺寸的第一条尺寸界线作为基线，进行基线标注。

（1）命令调用。

单击"标注"工具栏中的"基线标注"按钮，或在菜单栏中选择"标注"→"基线"命令，或在命令行输入DIMBASELINE。

执行"基线标注"命令后，系统出现如下提示：

```
指定第二条尺寸界线原点或[放弃(U)/选择(S)]<选择>:（指定第二条尺寸界线原点）
```

指定第二条尺寸界线原点后，系统出现如下提示：

```
指定第二条尺寸界线原点或[放弃(U)/选择(S)]<选择>:（指定另一个尺寸界线的原点，再标注一个尺寸，可继续进行多个尺寸的基线标注）
```

（2）说明。

基线标注时基线距离的控制可通过"替代当前样式"对话框"直线和箭头"选项卡中的"基线间距"选项进行设置。

（3）举例。

对图形进行基线尺寸标注，如图3-88所示。

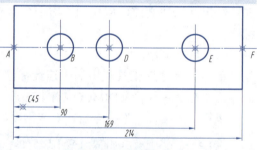

图3-88 基线标注

```
命令: DIMLINEAR↙
指定第一条尺寸界线原点或<选择对象>:（选择点A）
指定第二条尺寸界线的原点:（选择点B）
指定尺寸线位置或[多行文字(M)/文字(T)/角度(A)/水平(H)/垂直(V)/旋转(R)]:（选择点C）
命令: DIMBASELINE↙
指定第二条尺寸界线原点或[放弃(U)/选择(S)]<选择>:（指定点D）
指定第二条尺寸界线原点或[放弃(U)/选择(S)]<选择>:（指定点E、F，继续进行多个尺寸的基线标注）↙
选择基准标注: ↙
```

4）对齐尺寸标注

对于倾斜的线性尺寸，可以通过对齐尺寸标注自动获取其大小进行平行标注。

命令调用。

单击"标注"工具栏中的"对齐标注"按钮，或在菜单栏中选择"标注"→"对齐"命令，或在命令行输入DIMALIGNED。

执行对齐尺寸标注命令后，系统出现如下提示：

指定第一条尺寸界线原点或<选择对象>：（选项说明同线性尺寸标注命令）

5) 直径尺寸标注和半径尺寸标注

直径尺寸标注和半径尺寸标注使用可选的中心线或中心标记测量圆弧与圆的直径和半径。

（1）命令调用。

单击"标注"工具栏中的"直径标注"按钮，或在菜单栏中选择"标注"→"直径"命令，或在命令行输入DIMDIAMETER。

单击"标注"工具栏中的"半径标注"按钮，或在菜单栏中选择"标注"→"半径"命令，或在命令行输入DIMRADIUS。

执行"直径标注"命令后，系统出现如下提示：

选择圆弧或圆：（指定要标注的圆弧或圆）
指定尺寸线位置或[多行文字(M)/文字(T)/角度(A)]：（指定尺寸线的位置）

半径尺寸标注与直径尺寸标注的提示相同。

（2）说明。

直径尺寸标注时文字方向可在"标注样式管理器"对话框中单击"替代"按钮，弹出"替代当前样式"对话框，选择"文字"选项卡，在"文字对齐"下拉列表中选择"水平"选项。注意"水平"设置与"与尺寸线对齐"设置的区别。

6) 角度标注

对于不平行的两条直线、圆弧或圆以及指定的三个点，AutoCAD可以自动测量其角度并进行角度标注。

（1）命令调用。

单击"标注"工具栏中的"角度标注"按钮，或在菜单栏中选择"标注"→"角度"命令，或在命令行输入DIMANGULAR。

执行"角度标注"命令后，系统出现如下提示：

选择圆弧、圆、直线或<指定顶点>：

① 选择圆弧，系统出现如下提示：

指定标注弧线位置或[多行文字(M)/文字(T)/角度(A)]：（指定尺寸线位置）

② 选择圆，选择圆上一个点，该点为被标注角度的第一条尺寸界线的位置，系统出现如下提示：

指定角的第二个端点：（指定被标注角度的第二条尺寸界线的位置）
指定标注弧线位置或[多行文字(M)/文字(T)/角度(A)]：（指定尺寸线位置，此时系统自动标注出角度值）

③ 选择两条不平行直线中的一条线，系统出现如下提示：

选择第二条直线：（选取第二条直线）
指定标注弧线位置或[多行文字(M)/文字(T)/角度(A)]：（指定尺寸线位置，此时系统自动标注出角度值）

④ 选择由三个点确定的角度标注，在执行角度标注命令后按【Enter】键，系统出现如下提示：

> 指定角的顶点:(指定角的顶点)
> 指定角的第一个端点:(指定角的第一条尺寸界线的端点)
> 指定角的第二个端点:(指定角的第二条尺寸界线的端点)
> 指定标注弧线位置或[多行文字(M)/文字(T)/角度(A)]:(指定尺寸线位置,此时系统自动标注出角度值)

(2)说明。

在机械制图中规定角度数值必须水平书写,不能倾斜,可在标注样式中进行调整。

7)坐标尺寸标注

坐标尺寸标注是基于某一个原点的图形对象任意点的 X 或 Y 坐标标注,AutoCAD 选取当前 UCS 的原点为基准点,用户也可以自行设置。

(1)命令调用。

单击"标注"工具栏中的"坐标标注"按钮，或在菜单栏中选择"标注"→"坐标"命令,或在命令行输入 DIMORDINATE。

执行坐标标注命令后,系统出现以下提示:

> 指定点坐标:(指定标注起点)
> 指定引线端点或[X基准(X)/Y基准(Y)/多行文字(M)/文字(T)/角度(A)]:

① 指定引线端点:指定引出线端点。
② X 基准(X):将标注固定为 X 坐标标注。
③ Y 基准(Y):将标注固定为 Y 坐标标注。

其他选项含义与前文其他尺寸标注方法相同。

(2)说明。

坐标尺寸标注一般用 UCS 命令先设置新原点作为基准点,否则将选用当前 UCS 坐标原点为基准点。

2. 设置尺寸标注样式

标注尺寸时首先应该设置尺寸标注样式,然后进行尺寸标注。尺寸标注样式确定尺寸标注的尺寸界线、尺寸线、箭头和尺寸文本等尺寸变量的值,设置完成后 AutoCAD 可进行保存,以便调用。

命令调用

单击"标注"工具栏中的"标注样式"按钮，或在菜单栏中选择"标注"→"样式"→"格式"→"标注样式"命令,或在命令行输入 DIMSTYLE。

执行"标注样式"命令,弹出"标注样式管理器"对话框,其中各选项的含义如下:

(1)"样式"列表框:显示存储样式名称。右击样式名可进行重命名、删除或置为当前操作。

(2)"列出"下拉列表框:显示尺寸标注样式。

(3)"预览"框:显示当前设置的结果。

(4)"说明"文本框:说明尺寸标注样式。

(5)"置为当前"按钮:将所选的样式置为当前样式。

(6)"新建"按钮:用于新建尺寸标注样式。单击"新建"按钮,弹出"创建新标注样式"对话框。

3. 编辑标注

对已经标注的尺寸继续进行编辑修改。可以利用"编辑标注"命令（DIMEDIT）、"特性"对话框或右键快捷菜单进行编辑标注，同时还可以通过分解命令将尺寸分解成文本、箭头、直线等对象进行修改。

1）利用"编辑标注"命令进行编辑

单击"标注"工具栏中的"编辑标注"按钮 ⚠️，或在命令行输入DIMEDIT。

执行"编辑标注"命令后，系统出现如下提示：

输入标注编辑类型 [默认(H)/新建(N)/旋转(R)/倾斜(O)] <默认>：

① 默认(H)：修改指定的尺寸文字回到默认位置。
② 新建(N)：通过"文字格式"对话框输入新的标注文字。
③ 旋转(R)：按指定的角度旋转标注文字。
④ 倾斜(O)：调整线性标注尺寸界线的倾斜角度。

2）利用"特性"对话框进行编辑

单击"标准"工具栏中的"特性"按钮，或在菜单栏中选择"修改"→"特性"命令，或在命令行输入PROPERTIES。

执行上述命令后，弹出"特性"对话框，在其中进行相应的编辑修改即可。

3）利用右键快捷菜单进行编辑

选择欲修改对象并右击，在弹出的快捷菜单中选择相应命令进行修改。

任务三　绘制盘盖类零件图

任务描述

盘盖类零件一般指法兰盘、端盖、透盖等零件，这类零件在机器中主要起支撑、轴向定位及密封作用。通常由若干回转体组成，轴向尺寸比其他两个方向的尺寸小；与轴套类零件的工艺结构类似，以倒角和倒圆、退刀槽和越程槽为主，有的零件上有凸台、凹坑、螺纹孔、销孔等结构。

盘盖类零件一般采用主视图、左视图（或右视图）两个视图表达其形状。按其形体特征和加工位置选择主视图，轴线水平放置，主视图表达机件沿轴向的结构特点，左视图（或右视图）则表达径向的外形轮廓和盘、盖上孔的分布情况。

图3-89所示为叶片泵，是液压系统中常用的能源装置。工作时，主动轴9通过花键连接，带动转子4转动，叶片3跟随转子4在定子2中转动，定子2与左配油盘5、右配油盘6构成周期变化的密封容腔，实现通过左泵体的m口吸油，右泵体7的n口压油。一般零件可分为轴类零件、叉架类零件、盘盖类零件和箱体类零件，这个部件图中就包含了轴类零件、盘盖类零件和箱体类零件及标准件。这也是华东区图学竞赛的一道题目。绘制其中8号零件盖板的零件图，如图3-90所示。

图 3-89 叶片泵

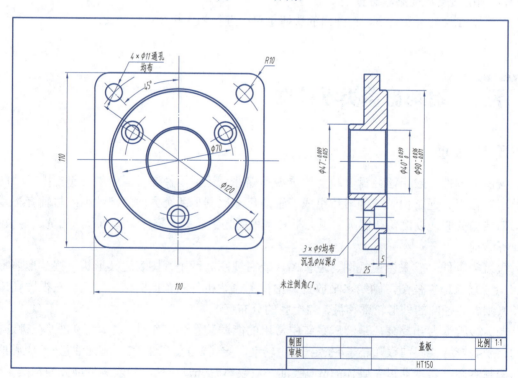

图 3-90 叶片泵盖板

任务实施

一、设置绘图环境

```
命令：lIMITS↙
指定左下角点或[开(ON)/关(OFF)]<0.0000,0,0000>:↙（若当前值不为"0,0"，则先输入
"0,0"，注意在半角状态输入）
指定右上角点<420,297>: 297,210↙
命令：Z↙
指定窗口角点，输入比例因子(nX或nXP)，或[全部(A)/中心点(C)/动态(D)/范围(E)/上一个(P)/
比例(S)/窗口(W)]<实时>:A↙
```

二、创建图层

单击"图层特性管理器"按钮，进入图层特性管理器，创建新图层，如图3-91所示。

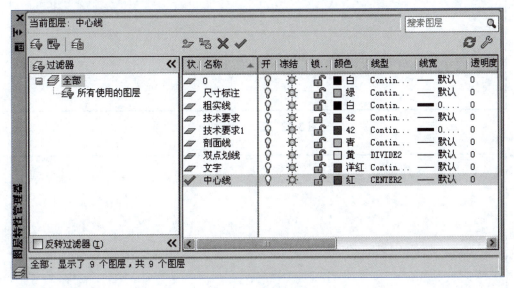

图 3-91　图层设置

三、设置文字样式和尺寸样式

设置文字样式和尺寸样式同本项目任务二。

四、绘制图纸线、图框线及标题栏框格

绘制图纸线、图框线及标题栏框格同本项目任务二，得到图3-92所示的图纸、图框线，图3-93所示的标题栏框格。

五、绘制图形

1. 布局

将"中心线"图层设置为当前图层，绘制中心线，如图3-94所示。

图 3-92　图纸、图框线

图 3-93　标题栏框格

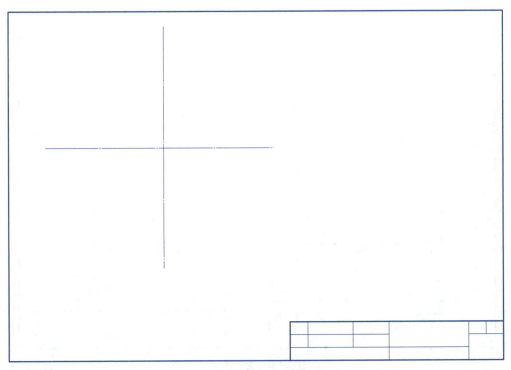

图 3-94　布局

单击"绘图"工具栏中的"直线"按钮，命令提示如下：

```
指定第一点:（单击确定位置）
指定下一点或[放弃(U)]:（启用正交模式，确定位置）
```

注意两条粗竖线距离为220，用"偏移"命令得到第二条竖线。

单击"修改"工具栏中的"偏移"按钮，命令提示如下：

```
指定偏移距离或[通过(T)]<10>: 55↙
选择要偏移的对象或<退出>:（选择图中左侧的竖线1）
指定点以确定偏移所在一侧:（在竖线右侧单击）
选择要偏移的对象或<退出>: ↙
```

用同样方法得到竖线左侧图线及水平中心线两侧直线，如图3-95所示，若位置不合适，可进行移动调整。

2．绘制图形

绘制圆角R10，如图3-96所示。

```
当前设置:模式=修剪，半径=0.0000
```

（1）提示"选择第一个对象或[放弃(U)/多段线(P)/半径(R)/修剪(T)/多个(M)]:"时，输入R并按【Enter】键。

（2）提示"指定圆角半径<0.0000>:"时，输入10并按【Enter】键。

（3）提示"选择第一个对象或[放弃(U)/多段线(P)/半径(R)/修剪(T)/多个(M)]:"时，分别选择两条相交直线，得到修剪的圆角。

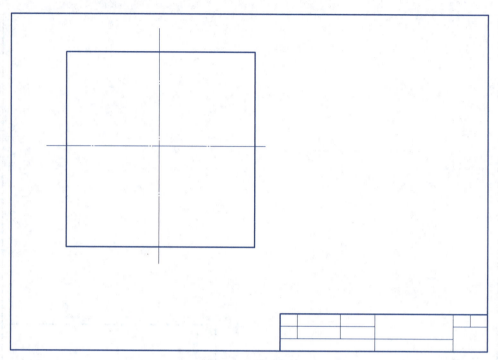

图 3-95 绘制直线

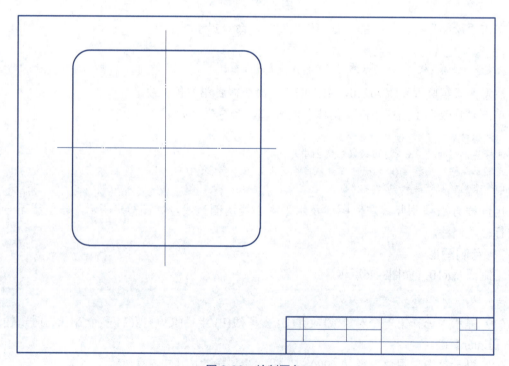

图 3-96 绘制圆角

以中点为圆心,绘制直径为120的圆,再绘制135°直线,以直线和圆的交点为圆心绘制直径为11的圆孔,如图3-97所示。

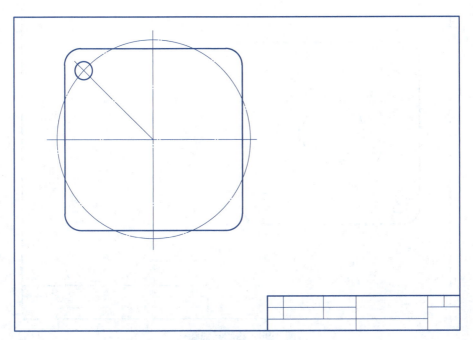

图 3-97 绘制圆孔

用"环形阵列"命令，绘制四个通孔，如图3-98所示。

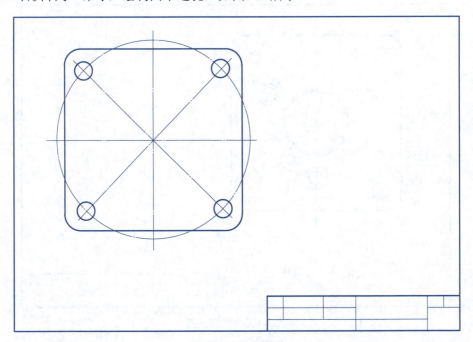

图 3-98 绘制通孔

绘制直径分别为40和42的两个圆，继续绘制直径为70、9和14的圆，如图3-99所示。

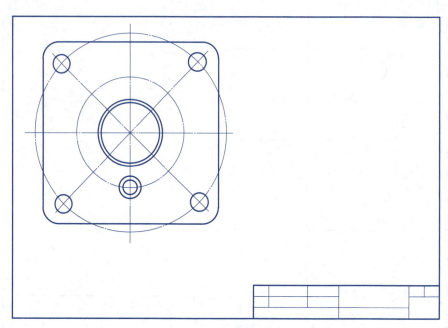

图 3-99　绘制其他圆孔

用"环形阵列"命令,绘制三个沉孔,如图3-100所示。

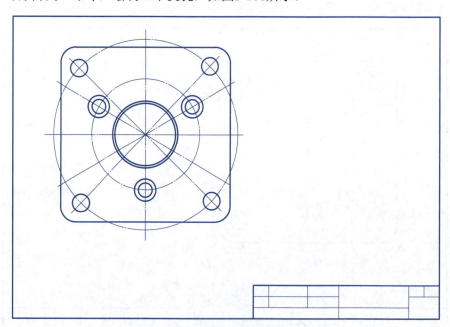

图 3-100　绘制沉孔

用"打断""修剪""删除"命令,去除多余图线,绘制圆,完成主视图,如图3-101所示。

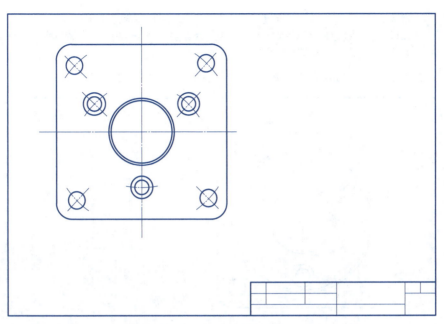

图 3-101 修剪多余图线

按照三等关系,绘制左视图,如图3-102所示。

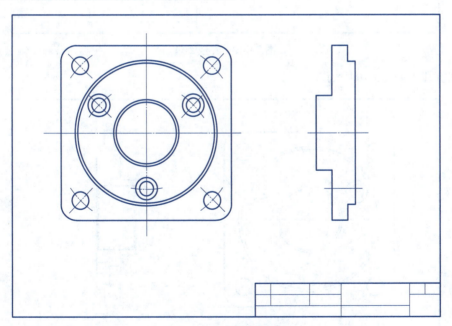

图 3-102 绘制左视图

绘制直径为40的圆孔,完成倒角C1,如图3-103所示。
执行"倒角"命令,命令提示如下:

当前倒角距离1 =0.0000,距离2=0.0000
选择第一条直线或[放弃(U)/多线段(P)/距离(D)/角度(A)/修剪(T)/方法(M)]:D✓
指定第一个倒角距离<0.0000>:1✓

指定第二个倒角距离<1.0000>：(按【Enter】键，默认第二倒角距离为1)
选择第一条直线或[多线段(P)/距离(D)/角度(A)/修剪(T)/方法(M)]：(拾取水平直线)
选择第二条直线：(拾取右侧竖直线，完成右上角倒角)

继续执行倒角命令，完成右下角倒角，用同样方法完成其他倒角。

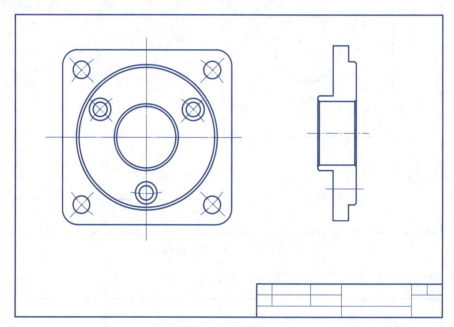

图 3-103　完成倒角

绘制沉孔，如图3-104所示。

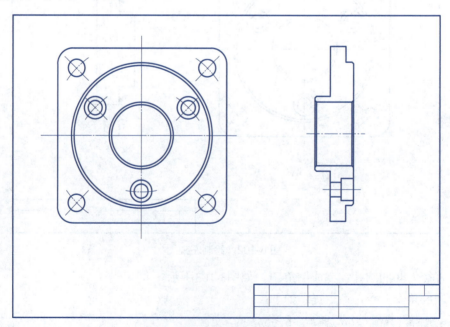

图 3-104　绘制沉孔

用"图案填充"命令完成剖面线的绘制，如图3-105所示。

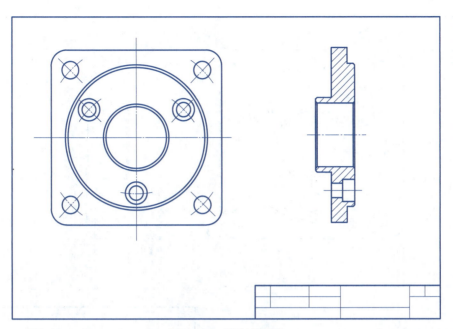

图 3-105　绘制剖面线

六、标注尺寸

标注标准样式，如图3-106所示。

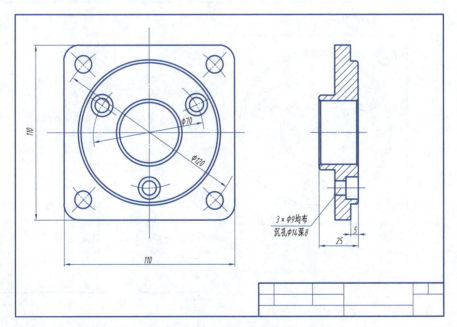

图 3-106　标注标准样式

标注水平样式，如图3-107所示。

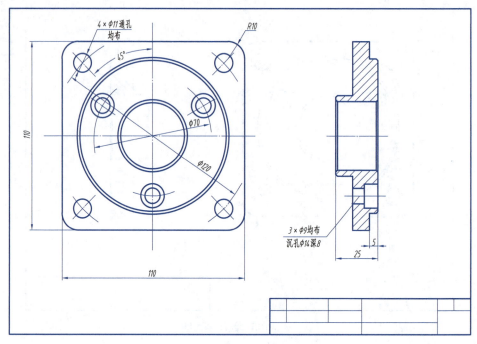

图 3-107 标注水平样式

标注公差并完成文字输入，如图3-108所示。

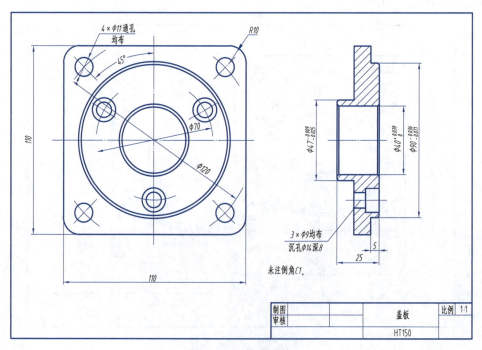

图 3-108 标注公差

知识链接

一、圆角对象

在AutoCAD 2021中,"圆角"命令用于对两个对象进行圆弧连接,同时还能对多段线的多个顶点进行一次性倒圆。使用此命令应先指定圆弧半径,再进行倒圆,可以选择性地修剪或延伸所选对象,以便更好地圆滑过渡。

1. 命令调用

在菜单栏中选择"修改"→"圆角"命令,或单击"修改"工具栏中的"圆角"按钮⌒,或在命令行输入FILLET(F)。

执行"圆角"命令后,系统出现如下提示:

```
当前设置:模式=修剪,半径=0.0000
选择第一个对象或[放弃(U)/多段线(P)/半径(R)/修剪(T)/多个(M)]:
```

(1)放弃(U):放弃上一次的圆角操作。

(2)多段线(P):给二维多段线中的每个顶点处倒圆角。执行该选项后,可在"选择二维多段线"的提示下,用点选的方法选中一条多段线,系统会在多段线的各个顶点处倒圆角,其倒角的半径可以使用默认值,也可用提示中的"半径(R)"选项进行设置。

(3)半径(R):指定倒圆角的半径。执行该选项后,系统将提示"指定圆角半径<0.0000>:",这时可直接输入半径值。

(4)修剪(T):控制系统是否修剪选定的边使其延伸到圆角端点。执行该选项后的选项和操作与"倒角"命令相同。

(5)多个(M):同时对多个对象进行圆角编辑,而不必重新启用命令。

2. 注意

(1)两条平行线可以倒圆角,无论圆角半径多大,AutoCAD将自动绘制一个直径为两平行线垂直距离的半圆。

(2)对多段线倒圆角时,"多段线(P)"选项设定的圆弧半径对多段线所有有效顶点倒圆角。

(3)圆角半径的大小决定圆角弧度的大小。如果圆角半径为0,可使两个实体相交;若圆角半径特别大,两实体不能容纳这么大的圆弧,则AutoCAD无法进行倒圆角。太短而不可能形成圆角的线及在图形边界外才相交的线不可倒圆角。

(4)"圆角"命令将自动把上次使用命令时的设置保存直至再次被修改。

(5)采用"闭合(C)"选项闭合多段线,和用对象捕捉封闭多段线方式绘制的多段线,倒圆角后结果是不一样的。

3. 举例

用"圆角"命令的"多段线"选项对图3-109(a)所示的多段线倒圆角,半径$R= 4$ mm,其结果是所有的角均被倒圆,如图3-109(b)所示。

(1)执行"圆角"命令。

(2)提示"当前设置:模式=修剪,半径=0.0000"。

(3)提示"选择第一个对象或[放弃(U)/多段线(P)/半径(R)/修剪 (T)/多个(M)]:"时,输入R并按【Enter】键。

（4）提示"指定圆角半径<0.0000>："时，输入4并按【Enter】键。

（5）提示"选择第一个对象或[放弃(U)/多段线(P)/半径(R)/修剪(T)/多个(M)]："时，输入P并按【Enter】键。

（6）提示"选择二维多段线："时，选择多段线上任意位置。

（7）提示"4条直线已被圆角"时，按【Enter】键结束命令。

（a）圆角前　　　　　　　　　　（b）圆角后

图 3-109　圆角对象

二、倒角对象

在AutoCAD 2021中，"倒角"命令用于将两条非平行直线或多段线做出有斜度的倒角。使用时应先设定倒角距离，然后再指定倒角线。

1．命令调用

在菜单栏中选择"修改"→"倒角"命令，或单击"修改"工具栏中的"倒角"按钮，或在命令行输入CHAMFER（CHA）。

执行"倒角"命令后，系统出现如下提示：

当前设置：模式=修剪，当前倒角距离1 =0.0000，距离2=0.0000
选择第一条直线或[放弃(U)/多线段(P)/距离(D)/角度(A)/修剪(T)/方法(M)]：

（1）放弃(U)：放弃上一次的倒角操作。

（2）多段线(P)：在二维多段线的所有顶点处倒角。

（3）距离(D)：指定第一、第二倒角距离。

（4）角度(A)：以指定一个角度和一段距离的方法设置倒角的距离。

（5）修剪(T)：被选择的对象在倒角线处被剪裁或保留原来的样子。

（6）方法(M)：在"距离(D)"和"角度(A)"两个选项之间选择一种方法。

2．注意

（1）若指定的两直线未相交，则"倒角"命令将延长它们使其相交，然后再倒角。

（2）若"修剪"选项设置为"修剪"，则倒角生成，已存在的线段被剪切；若设置为"不修剪"，则线段不会被剪切。

（3）用户须提供从两线段的交点到倒角边端点的距离，但如果倒角距离为0，则对两直线倒角就相当于修尖角，与"圆角"命令中半径为0时的效果相同。

（4）"倒角"命令将自动把上次使用命令时的设置保存直至再次被修改。

（5）"倒角"命令可以对直线、多段线进行，但不能对弧、椭圆弧倒角。

3．举例

用"倒角"命令将图3-110（a）所示的图形右上角进行等距2的倒角，右下角进行2×5的不等距倒角，结果如图3-110（b）所示。

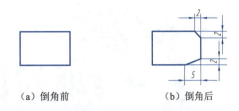

(a) 倒角前　　　　　　(b) 倒角后

图 3-110　倒角对象

（1）执行"倒角"命令。

（2）提示"当前倒角距离1 =0.0000，距离2 =0.0000"。

（3）提示"选择第一条直线或[放弃(U)/多线段(P)/距离(D)/角度(A)/修剪(T)/方法(M)]:"时，输入D并设置倒角距离。

（4）提示"指定第一个倒角距离<0.0000>:"时，输入第一倒角距离2并按【Enter】键。

（5）提示"指定第二个倒角距离<2.0000>:"时，按【Enter】键，默认第二倒角距离为2。

（6）提示"选择第一条直线或[多线段(P)/距离(D)/角度(A)/修剪(T)/方法(M)]:"时，拾取上方直线。

（7）提示"选择第二条直线:"时，拾取右侧直线，完成右上角倒角。

（8）重复执行倒角命令，到第（5）步时，输入5并按【Enter】键，然后选择右下角的两条边线，完成右下角的不等距倒角。

项目四 绘制装配图

本项目将完整展示从零件图开始绘制装配图的过程。从样板文件开始绘制完成装配体所用的零件图，再将零件图进行装配，装配过程还原实体装配步骤，中间穿插装配图绘制知识和CAD绘图技术，包含装配图尺寸标注、装配图零件序号标注以及明细表绘制的CAD表达方法等内容。

知识目标
1. 掌握标准件的知识；
2. 掌握装配图图形的绘制方法；
3. 掌握装配图的尺寸标注方法；
4. 掌握装配图零件序号的标注方法；
5. 掌握明细表的绘制方法。

能力目标
1. 能够独立绘制完整的中等难度装配体图形；
2. 能够理解装配尺寸标注要求；
3. 能够熟练绘制装配图零件序号及明细表；
4. 能够理解装配图的技术要求。

素质目标
1. 通过完整装配图的绘制，培养学生多角度表达事物的理念；
2. 通过装配图的绘制，培养学生严谨细致的工作作风；
3. 通过装配图的绘制，树立学生精益求精的工匠精神；
4. 通过装配图的绘制，培养学生在学习、生活中做好自己的定位意识。

任务一 绘制装配图中的专用零件图

任务描述

铣刀头是安装在铣床上的一个关键部件，用于安装铣刀盘，图4-1所示为铣刀头的装配轴测图，其中铣刀盘用"双点画线"画出。当动力通过V带轮带动主轴转动时，主轴带动铣刀盘旋转，对工件进行平面铣削加工。主轴通过滚动轴承安装在铣刀体内，铣刀体通过底板上的四个沉孔安装在铣床上，由此可见，轴、V带轮和铣刀体是铣刀头的主要零件。

因此本任务需要绘制五个零件图，分别是：铣刀体、主轴、V带轮、铣刀头端盖、调整环。

为了让学生更好地理解铣刀头结构，由图4-1所示铣刀头轴测图对照图4-2所示铣刀头轴测分解图可以看出，轴的左端通过普通平键5与V带轮连接，右端通过两个普通平键（双键）13与铣刀盘连接，用挡圈和螺钉固定在轴上。轴上有两个安装端盖的轴段和两个安装滚动轴承的轴段，通过轴承把轴串安装在铣刀体上，再通过螺钉、端盖实现轴串的轴向固定。安装轴承的轴段，其直径要与轴承的内径一致，轴段长度与轴承的宽度一致。安装V带轮轴段的长度应根据V带轮的轮毂宽度确定。

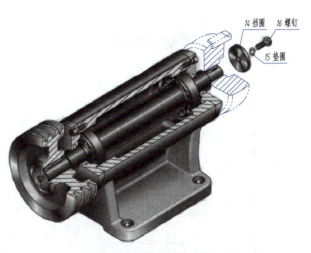

图 4-1　铣刀头装配轴测图

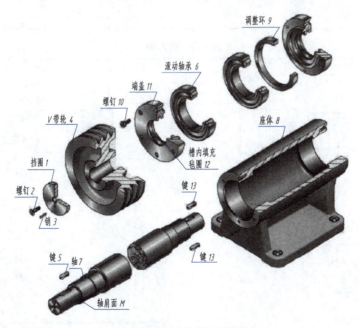

图 4-2　铣刀头轴测分解图

任务实施

1. 绘制铣刀体零件图

导入项目三任务一中已完成的A3样板文件，用项目三介绍的零件图绘制方法绘制图4-3所示的铣刀体，并保存在相应文件夹下，以备后续拼画装配图时使用。

2. 绘制主轴

用项目三介绍的零件图绘制方法绘制图4-4所示的主轴，并保存在相应文件夹下，以备后续拼画装配图时使用。

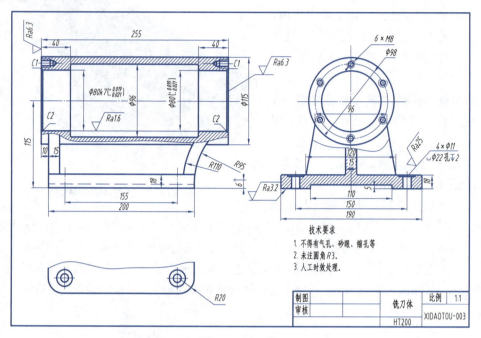

图 4-3 铣刀体

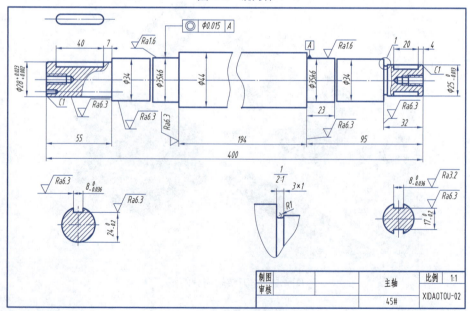

图 4-4 主轴

3. 绘制V带轮

用项目三介绍的零件图绘制方法绘制图4-5所示的V形带轮，并保存在相应文件夹下，以备后续拼画装配图时使用。

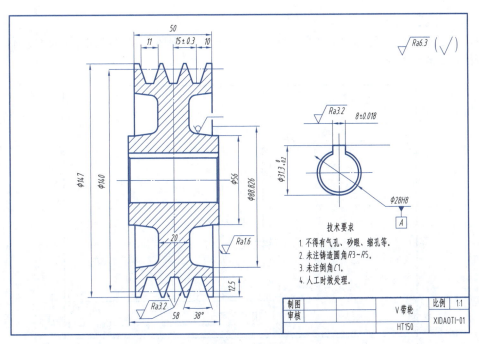

图 4-5　V 带轮

4．绘制铣刀头端盖

用项目三介绍的零件图绘制方法绘制图4-6所示的铣刀头端盖，并保存在相应文件夹下，以备后续拼画装配图时使用。

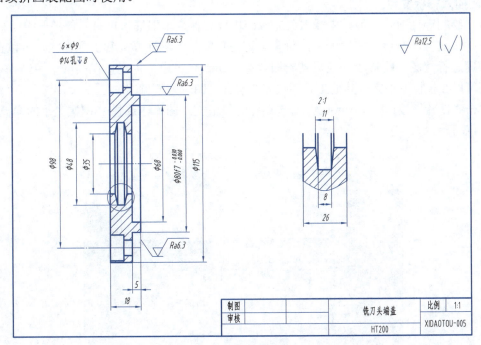

图 4-6　铣刀头端盖

5. 绘制调整环

用项目三介绍的零件图绘制方法绘制图4-7所示的调整环，并保存在相应文件夹件下，以备后续拼画装配图时使用。

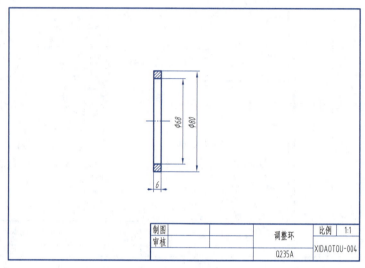

图 4-7 调整环

知识链接

1. 插入样板文件

每次绘制零件图时，可以先插入已完成的样板文件，本书插入项目三任务一中绘制的A3样板文件。这样，在绘制零件图时，就无须再设置图层、标注样式和文字样式，可以直接在模型空间进行绘图，能够较好地提高绘图效率。绘制完毕后，可直接在图纸空间进行布局出图，还可以在模板图中完成其他工具图块，在进行绘图时方便调用。

单击"新建"按钮，AutoCAD会自动打开样板文件图库，选择A3图幅大小的样板图纸，如图4-8所示。

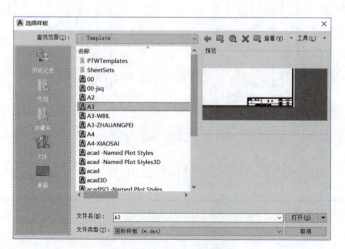

图 4-8 打开 A3 样板图

单击"打开"按钮，即可新建A3模板图，默认文件名为drawing1，如图4-9所示。

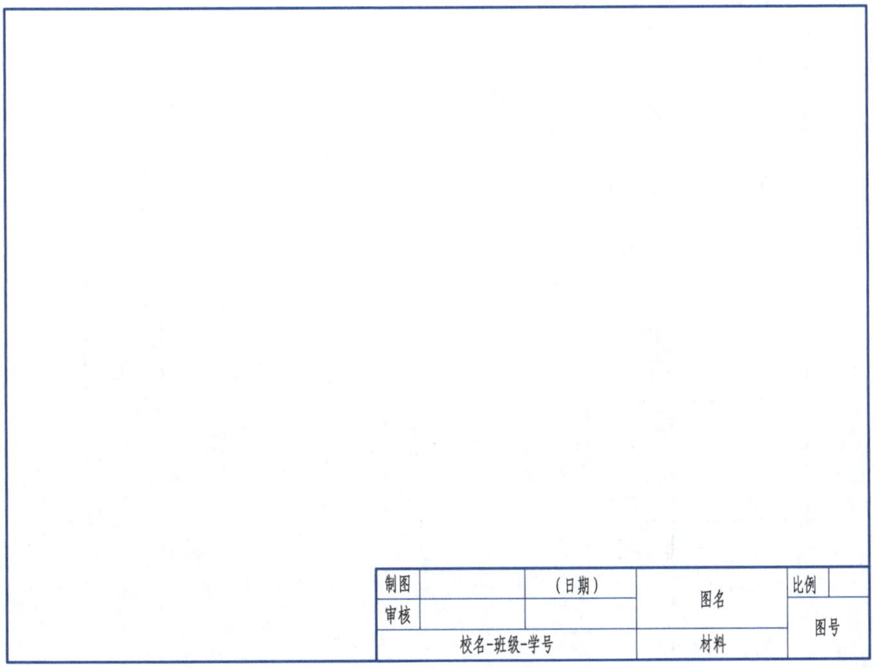

制图		（日期）	图名	比例	
审核					图号
	校名-班级-学号		材料		

图4-9　A3模板图

2．更改标题栏信息

接下来可以重新更改模板图标题栏中的信息，如将图名更改为"铣刀头端盖"，依次将比例、材料、图号、制图人员姓名及班级填入，填写完毕后标题栏如图4-10所示。

制图	刘××	24-03-05	铣刀头端盖	比例	1:1
审核				XDT-005	
			HT200		

图4-10　端盖标题栏

3．绘制"铣刀头端盖"零件图

单击模型空间，可以在模型空间里绘制零件图。如图4-11所示，在模型空间里绘制"端盖"零件图。绘制完毕后，将该图形另存为"图4-6铣刀头端盖"。

4．布局"端盖"零件图

在模型空间绘制"端盖"零件图后，就可在"图纸"空间出图。

在命令行输入命令MVIEW（建立视口），选择"布满(F)"选项，即可在视口中看到零件图。可通过双击视口调整零件图的大小和位置，在视口外的区域单击，即可将视口锁定。在图纸空间看到的"铣刀头端盖"零件图如图4-12所示。

5．打印PDF格式零件图

通过AutoCAD软件自带的虚拟PDF打印机，单击"确定"即可进行PDF打印出图，生成PDF文件，如图4-13所示。

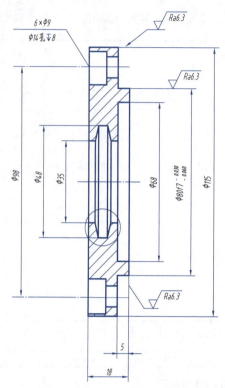
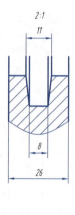

图 4-11 在模型空间绘制的零件图"铣刀头端盖"

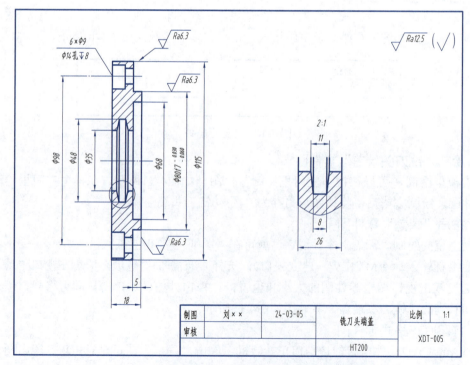

图 4-12 在图纸空间看到的"铣刀头端盖"零件图

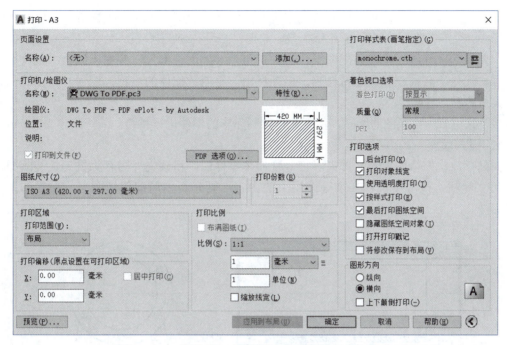

图 4-13 打印 PDF 文件界面

任务二　绘制装配图

任务描述

装配图的绘制过程与零件图相似，但又有其自身的特点。在绘制装配图之前，同样需要根据图纸幅面大小、版式的不同，分别建立符合机械制图国家标准的若干机械图样模板。模板中包括图纸幅面、图层、使用文字和尺寸标注的一般样式等。在绘制装配图时，可以直接调用建立好的模板进行绘图，这样有利于提高工作效率。由于本项目任务一已经完成了本装配体零件图的绘制，装配时可以直接调用。本任务的特点在于由零件图拼画装配图的过程与实际生产中的装配非常接近，绘制步骤可以与装配步骤接轨。

任务实施

装配图是表示一部机器或一个部件的图样。装配图表达了机器或部件的工作原理、性能要求和零件之间的装配关系，是对机器或部件进行装配、调整、使用和维修的依据。一张完整的装配图应包括下列基本内容：

（1）一组视图：用一般表达方法和特殊表达方法正确、清晰、简便地表达机器或部件的工作原理，零件间的装配关系，零件的主要结构形状等。

（2）必要的尺寸：标注出与机器或部件的性能、规格、装配和安装有关的尺寸。

（3）技术要求：用符号、代号或文字说明装配体在装配、安装、调试等方面应达到的技术指标。

（4）编号和标题栏：在装配图上，必须对每个零件进行编号，并在明细栏中依次列出零件序号、代号、名称、数量、材料等。标题栏中，写明装配体的名称、图号、绘图比例以及有关人员的签名等。

接下来进行一组视图的绘制，用上文已绘制完毕的零件进行拼装。

1．插入底座

找到存放铣刀体图形的文件夹，打开铣刀体零件图。将该文件另存为铣刀头装配图，并删除尺寸标注、技术要求、文字等图层上的内容，同时删除局部剖切图形，结果如图4-14所示。

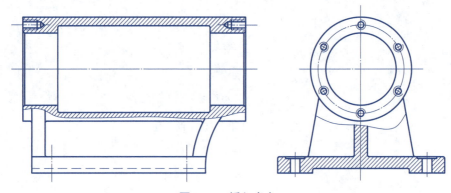

图 4-14 插入底座

2．插入螺栓

打开本项目任务一绘制的铣刀头端盖零件图，复制整个图形到铣刀头装配图，并删除尺寸标注、技术要求、文字等图层上的内容，将端盖零件插入底座左侧并紧固。端盖的止口表面须和铣刀体左侧面紧紧贴合，故以此表面作为基准。删除多余线条，如图4-15所示。

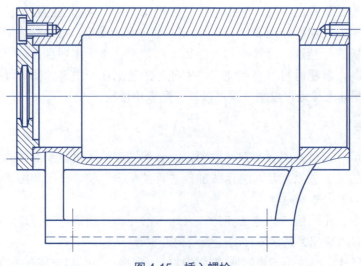

图 4-15 插入螺栓

将铣刀头端盖用六个螺钉紧固，因相同结构只需在一处完整表达，故螺钉连接只需画一处，详细结构如图4-16所示。

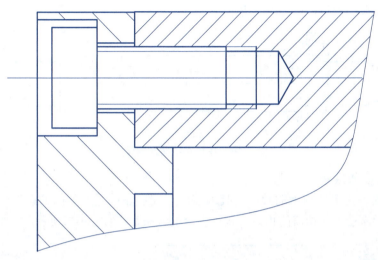

图 4-16　螺纹连接画法

3．绘制轴承

根据轴承型号，绘制轴承30307，用"镜像"命令将另一侧配对，以备后续使用，此图可在铣刀头装配图内绘制，绘制完毕如图4-17所示。

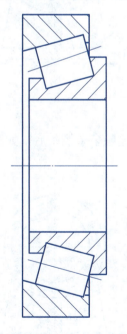

图 4-17　绘制轴承

4．在轴左端插入轴承挡

打开主轴零件图，将图形复制到铣刀头装配图，删除多余元素，将轴承内圈右端面紧靠轴肩，安装到左端轴承挡，如图4-18所示。

图 4-18　在轴左端插入轴承挡

5．将轴串插入底座

将左侧已安装完毕的轴承的轴串，装入前面已安装左端盖并紧固的铣刀体中，注意定位为以轴承外圈紧靠铣刀头端盖的止口。删除多余的线条后，如图4-19所示。

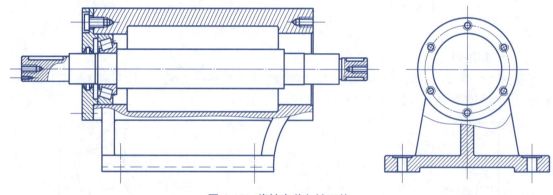

图 4-19　将轴串装入铣刀体

6．在轴的右侧装入轴承

以轴肩定位，将轴承内圈紧贴轴肩，在轴的右侧装入轴承。删除多余线条后，如图4-20所示。

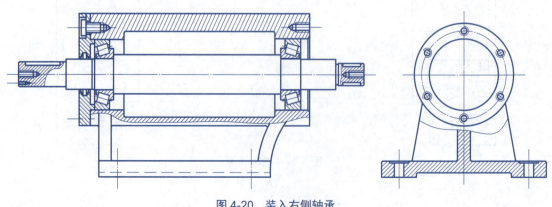

图 4-20　装入右侧轴承

7. 插入调整环

调整环用于调整轴向间隙，根据装配间隙的大小，最终决定调整环厚度。调整环贴紧轴承外圈，插入调整环，删除多余线条后，如图4-21所示。

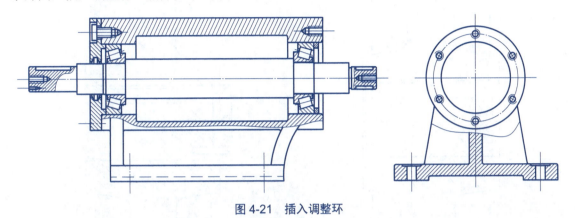

图 4-21　插入调整环

8. 插入右端盖

在轴的右侧，装上铣刀头端盖，端盖的止口紧贴调整环，用六个螺钉紧固，图中只需表达一处螺钉连接。删除多余线条后，如图4-22所示。

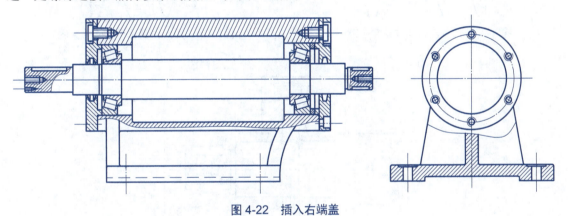

图 4-22　插入右端盖

9. 插入皮带轮并绘制普通平键

以轴肩定位，插入皮带轮，并按规定画法绘制普通平键连接。普通平键的尺寸为：8×7×40。删除多余线条后，如图4-23所示。

10. 插入左侧轴端挡圈并紧固

在左端绘制轴端挡圈，此挡圈用于轴向固定V带轮，并用定位销定位，用螺钉紧固。定位销和螺钉规格见明细表，绘制完毕后如图4-24所示。

11. 插入右端键连接及铣刀

（1）绘制铣刀侧（右侧）双键连接，键的规格见明细表中的标准号，查阅后得到尺寸进行绘制。

（2）用双点画线绘制铣刀，绘制完毕后如图4-25所示。

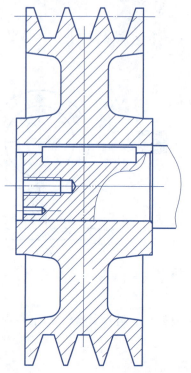

图 4-23 插入皮带轮并绘制平键连接

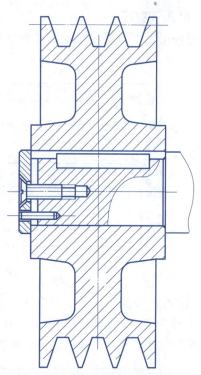

图 4-24 插入左侧轴端挡圈并紧固

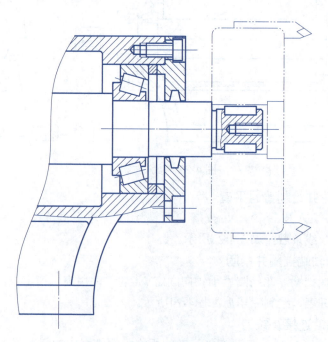

图 4-25 插入右端键连接及铣刀

12. 插入右端挡圈并紧固

在右侧绘制挡圈,并用螺钉固定。挡圈尺寸及螺钉规格见明细表,如图4-26所示。

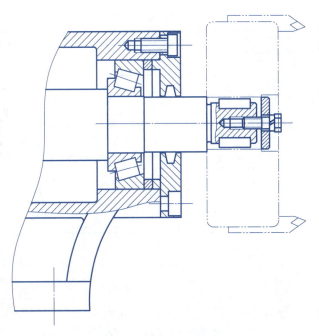

图 4-26　插入右端挡圈并紧固

13．标注轴向定位尺寸

标注装配体的轴向定位尺寸，并检查装配关系是否正确，如图4-27所示。

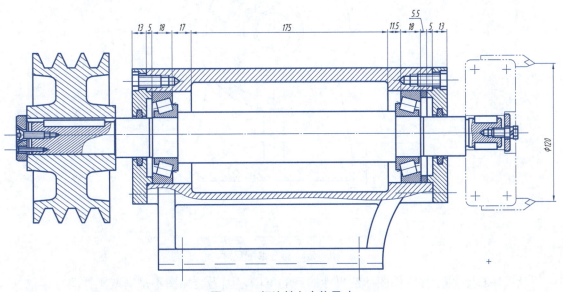

图 4-27　标注轴向定位尺寸

14．标注装配尺寸

将左视图补充完整，并填充各零件剖面线，如图4-28所示。

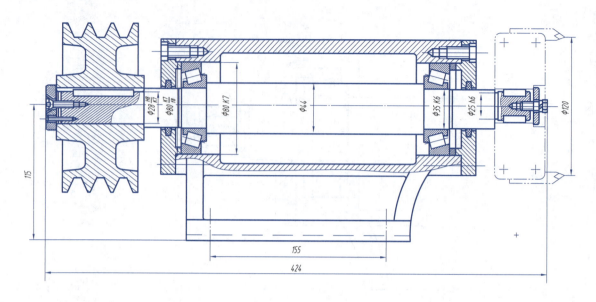

拆去零件1、2、3、4、5

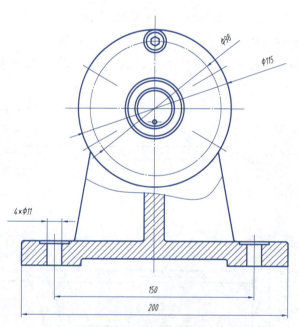

图 4-28 标注装配尺寸

装配图标注尺寸与零件图标注尺寸的目的不同，因为装配图不是制造零件的直接依据，所以在装配图中不需要标注零件图的全部尺寸，只需做出下列几种必要的尺寸。

（1）规格性能尺寸：表示机器部件规格和性能的尺寸，是设计和选用部件的主要依据。如图4-22中铣刀盘轴线的高度尺寸115。

（2）装配尺寸：表示零件之间装配关系的尺寸，如配合尺寸和重要相对位置尺寸。如

图4-28中V带轮与轴的配合尺寸$\phi 28\dfrac{H8}{k7}$。

（3）安装尺寸：表示将部件安装到机器上或将整机安装到基座上所需的尺寸，如图4-28中铣刀头铣刀体的底板上四个沉孔的定位尺寸155、150和安装孔$4\times\phi 11$。

（4）外形尺寸：表示机器或部件外形轮廓的大小，即总长、总宽和总高尺寸，为包装、运输、安装所需的空间大小提供依据。

除上述尺寸外，有时还要标注其他重要尺寸，如运动零件的极限位置尺寸、主要零件的重要结构尺寸等。

15．标注零件序号

在装配图中每个零件的可见轮廓范围内画一个小点，用细实线引出指引线，并在其末端的横线上注写零件序号。若所指的零件很薄或为涂黑者，可用箭头代替小黑点。

相同的零件只对其中一个进行编号，其数量填写在明细栏内。一组紧固件或装配关系清楚的零件组可采用公共的指引线编号，如图4-29中螺钉连接序号1、2、3的表达形式。

各指引线不能相交，当通过剖面区域时，指引线不能与剖面线平行。指引线可画成折线，但只可曲折一次，如图4-29中序号9所示。零件序号应顺时针或逆时针方向顺序编号，并沿水平和垂直方向排列整齐。

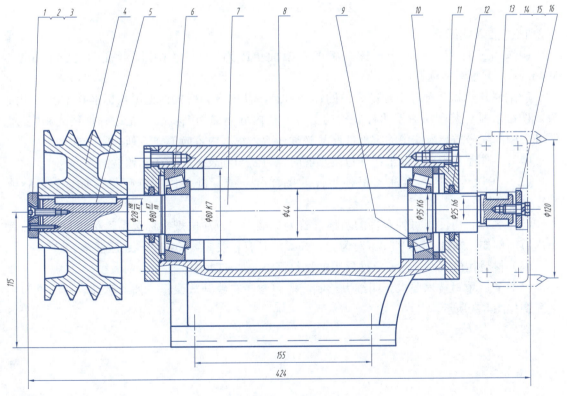

图4-29　标注零件序号

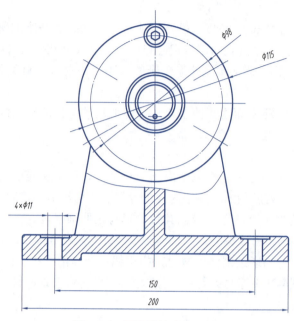

图 4-29 标注零件序号（续）

16．插入明细表

由项目三任务一插入样板图，将图纸幅面更改为1号图（1号图纸幅面为841 mm×594 mm），并填写标题栏。

明细表是机器或部件中全部零件的详细目录，其内容和格式详见国家标准技术制图明细表。明细表画在装配图右下角标题栏的上方，栏内分隔线为细实线，左边外框线为粗实线。明细表中的编号与装配图中的零部件序号必须一致，填写内容应遵守下列规定：

（1）零件序号应自下而上，如位置不够时，可将明细表顺序画在标题栏的左方。

（2）在代号栏内，应注出每种零件的图样代号或标准件的标准代号，如GB/T 68或XIDAOTOU-01。

（3）名称栏内注出每种零件的名称，若为标准件，应注出规定标记中除标准号以外的其余内容，例如：螺钉 M6×18。对齿轮、弹簧等具有重要参数的零件，还应注出参数。

（4）材料栏内填写制造该零件所用的材料标记，如HT200。

（5）最后填写技术要求。明细表绘制步骤可参考在线开放课程。插入明细表后的铣刀头装配图如图4-30所示。

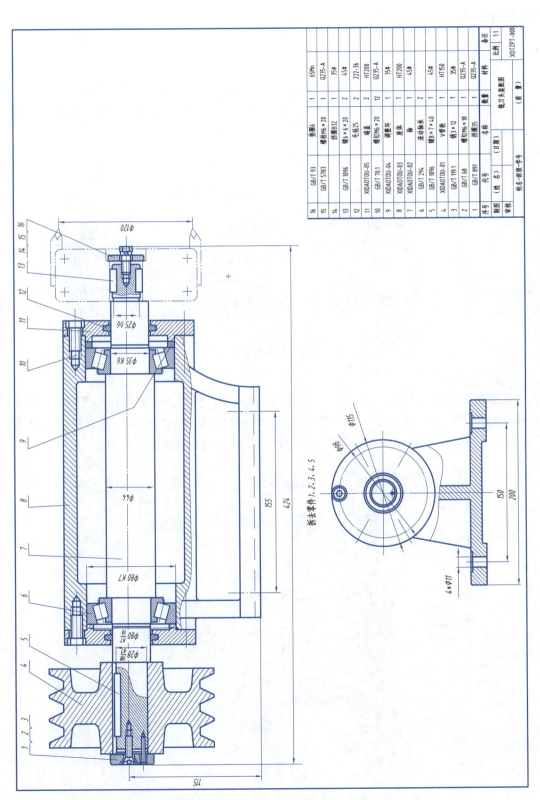

图 4-30 插入明细表

知识链接

1. 编写零件序号

1)设置"多重引线样式"

在"默认"选项卡中,单击"注释"面板中的"多重引线样式"按钮，弹出"多重引线样式管理器"对话框,如图4-31(a)所示。在该对话框中单击"新建"按钮,弹出"创建新多重引线样式"对话框,如图4-31(b)所示。

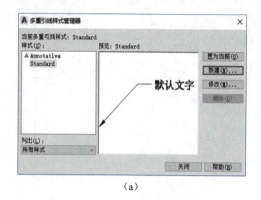
(a)

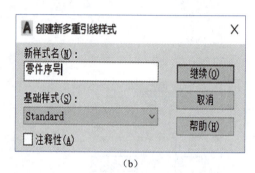
(b)

图4-31 设置"多重引线样式"

2)设置引线格式

在"创建新多重引线样式"对话框中,将"新样式名"更改为"零件序号",单击"继续"按钮,弹出"修改多重引线样式:零件序号"对话框,如图4-32所示。在该对话框中选择"引线格式"选项卡,在"箭头"选项组的"符号"下拉列表框中选择"小点"。

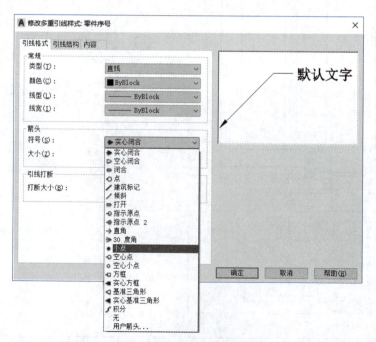

图4-32 "修改多重引线样式:零件序号"对话框

3）设置内容选项卡

在"修改多重引线样式：零件序号"对话框中选择"内容"选项卡，将"文字样式"设置为SZ，在"引线连接"选项组中，将"连接位置左"和"连接位置右"设置为"最后一行加下画线"，文字高度根据图纸幅面决定，本图文字高度为4，如图4-33所示。单击"确定"按钮，返回"多重引线样式管理器"对话框，单击"置为当前"按钮，关闭对话框即可完成设置。

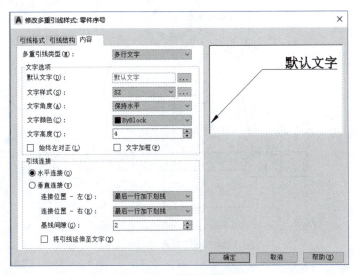

图4-33 "内容"选项卡

4）标注零件序号

单击"注释"面板中的"多重引线"按钮，分别在主视图或左视图上逐一标注对应的零件序号。标注时，注意零件序号的排列，应做到整齐规范。零件序号可以按照顺时针或逆时针排列，做到横平竖直。零件序号标注完成后，如图4-34所示。

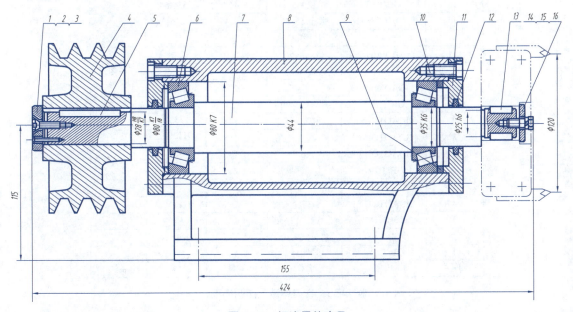

图4-34 标注零件序号

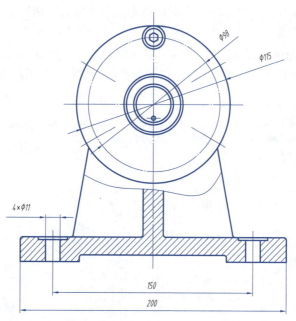

图 4-34 标注零件序号（续）

2. 绘制明细表

（1）根据铣刀体装配图的零件序号、零件名称及标准件名称，可先用Excel软件做好铣刀头装配图中所用的零件和标准件明细表格如图4-35所示。需要注意的是，明细表表头在下方，序号由下往上。将明细表命名为"铣刀头装配图明细表.xls"。将该文件和零件图存放在同一个文件下，以便调用。

16	GB/T 93	垫圈6	1	65Mn	
15	GB/T 5783	螺栓M6×20	1	Q235-A	
14		挡圈B32	1	35#	
13	GB/T 1096	键6×6×20	2	45#	
12		毛毡25	2	222-36	无图
11	XIDAOTOU-05	端盖	2	HT200	
10	GB/T 70.1	螺钉M6×20	12	Q235-A	
9	XIDAOTOU-04	调整环	1	35#	
8	XIDAOTOU-03	座体	1	HT200	
7	XIDAOTOU-02	轴	1	45#	
6	GB/T 294	滚动轴承	2		
5	GB/T 1096	键8×7×40	1	45#	
4	XIDAOTOU-01	V带轮	1	HT150	
3	GB/T 119.1	销3×12	1	35#	
2	GB/T 68	螺钉M6×18	1	Q235-A	
1	GB/T 891	挡圈35	1	Q235-A	
序号	代号	名称	数量	材料	备注

图 4-35 铣刀体装配图明细表

（2）打开已标注完毕零件序号的装配图，如图4-36所示。

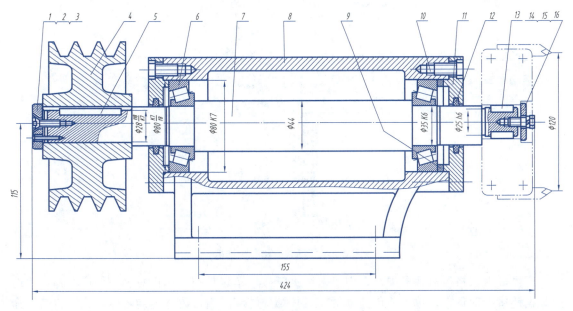

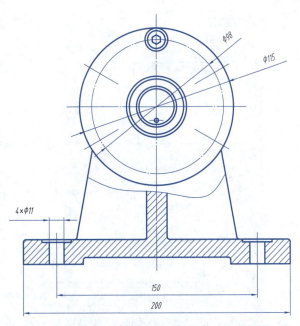

图 4-36　已完成零件序号标注的铣刀头装配图

（3）插入Excel格式明细表。在菜单栏中选择"注释"→"表格"命令，弹出"插入表格"对话框，如图4-37所示。

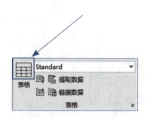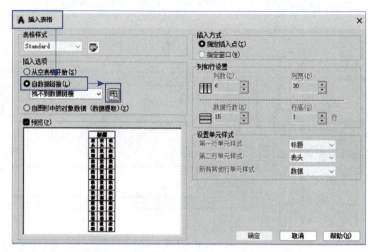

图 4-37 "插入表格"对话框

在"插入表格"对话框中,选中"自数据链接"单选按钮,单击右侧按钮,弹出"选择数据链接"对话框,单击"创建新的Excel数据链接",输入数据链接名称,此处将名称命名为"1",如图4-38所示。

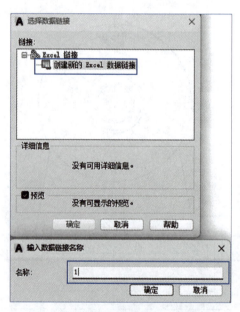

图 4-38 "选择数据链接"对话框

单击"确定"按钮,弹出"新建Excel数据链接:1"对话框,单击浏览文件右侧按钮,找到放置铣刀头装配图明细表的文件夹,选择"铣刀头装配图明细表.xls"文件并单击"打开"按钮,如图4-39所示。

打开"铣刀头装配图明细表"后,如图4-40所示,依次在"新建Excel数据链接:1"对话框、"选择数据链接"对话框和"插入表格"对话框中单击"确定"按钮完成表格插入,结果如图4-41所示。

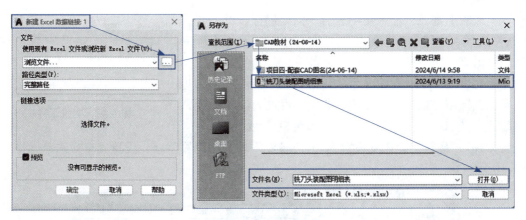

图 4-39　新建 Excel 数据连接

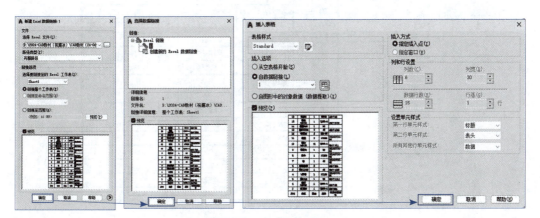

图 4-40　确定表格插入

16	GB/T 93	垫圈6	1	65Mn	
15	GB/T 5783	螺栓M6×20	1	Q235-A	
14		挡圈B32	1	35#	
13	GB/T 1096	键6×6×20	2	45#	
12		毛毡25	2	222-36	
11	XIDAOTOU-05	端盖	2	HT200	
10	GB/T 70.1	螺钉M6×20	12	Q235-A	
9	XIDAOTOU-04	调整环	1	35#	
8	XIDAOTOU-03	座体	1	HT200	
7	XIDAOTOU-02	轴	1	45#	
6	GB/T 294	滚动轴承	2		
5	GB/T 1096	键8×7×40	1	45#	
4	XIDAOTOU-01	V带轮	1	HT150	
3	GB/T 119.1	销3×12	1	35#	
2	GB/T 68	螺钉M6×18	1	Q235-A	
1	GB/T 891	挡圈35	1	Q235-A	
序号	代号	名称	数量	材料	备注

制图	(姓名)	(日期)		图名	比例	1:1
审核					图号	
	校名-班级-学号			材料		

图 4-41　插入装配图中的 Excel 明细表

（4）编辑明细表。插入明细表后，需要进行编辑。单击"默认"选项卡"特性"工具栏（见图4-42）右下角的箭头按钮，弹出"特性"对话框，即可对明细表进行修改。

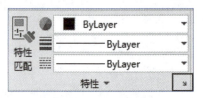

图 4-42　特性工具栏

选中明细表中某一列的一个单元格，在"特性"对话框的"单元"区域，依次将"序号"的宽度设置为10，"代号"的宽度设置为30，"名称"的宽度设置为30，"数量"的宽度设置为10，"材料"的宽度设置为25，"备注"的宽度设置为15。设置完毕后的单元格，如图4-43所示。

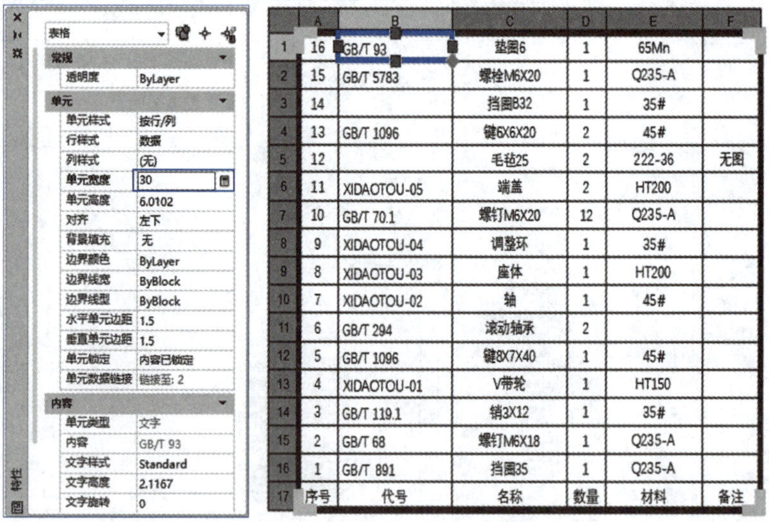

图 4-43　编辑明细表各列宽度

选中明细表中的某一列，在打开的"特性"对话框中，将单元格高度设置为7，如图4-44所示。

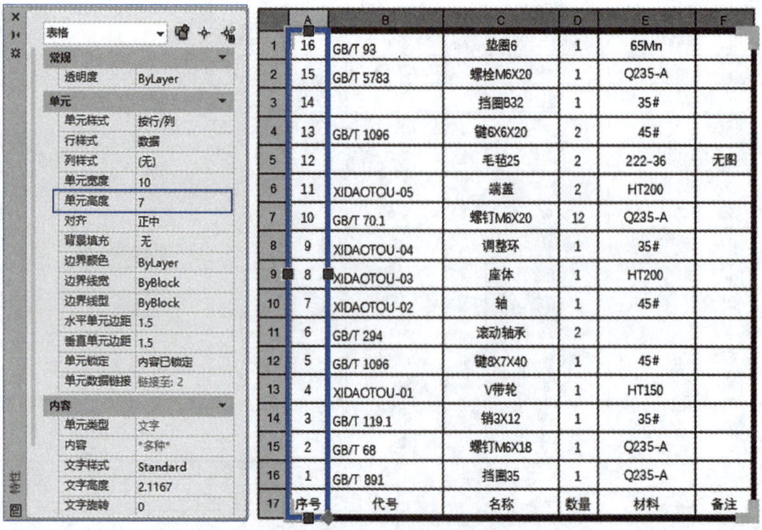

图 4-44　编辑明细表单元格高度

（5）编辑明细表文字。全选"明细表"，将"特性"对话框"单元"区域的"对齐"方式设置为"中下"，如图4-45所示。

A	B	C	D	E	F
16	GB/T 93	垫圈6	1	65Mn	
15	GB/T 5783	螺栓M6X20	1	Q235-A	
14		挡圈B32	1	35#	
13	GB/T 1096	键6X6X20	2	45#	
12		毛毡25	2	222-36	无图
11	XIDAOTOU-05	端盖	2	HT200	
10	GB/T 70.1	螺钉M6X20	12	Q235-A	
9	XIDAOTOU-04	调整环	1	35#	
8	XIDAOTOU-03	座体	1	HT200	
7	XIDAOTOU-02	轴	1	45#	
6	GB/T 294	滚动轴承	2		
5	GB/T 1096	键8X7X40	1	45#	
4	XIDAOTOU-01	V带轮	1	HT150	
3	GB/T 119.1	销3X12	1	35#	
2	GB/T 68	螺钉M6X18	1	Q235-A	
1	GB/T 891	挡圈35	1	Q235-A	
序号	代号	名称	数量	材料	备注

图 4-45 编辑明细表单元格中文字的位置

全选"明细表"，使用EXPLODE命令两次，将明细表分解。再次全选"明细表"，在"特性"对话框上方的下拉列表框中选择"文字"；然后，将"文字"区域的"样式"设置为HANZI，字高改为4，并将"明细表"最左侧的框线放置到"图框"层，即改为粗实线，如图4-46所示。

16	GB/T 93	垫圈6	1	65Mn	
15	GB/T 5783	螺栓M6×20	1	Q235-A	
14		挡圈B32	1	35#	
13	GB/T 1096	键6×6×20	2	45#	
12		毛毡25	2	222-36	无图
11	XIDAOTOU-05	端盖	2	HT200	
10	GB/T 70.1	螺钉M6×20	12	Q235-A	
9	XIDAOTOU-04	调整环	1	35#	
8	XIDAOTOU-03	座体	1	HT200	
7	XIDAOTOU-02	轴	1	45#	
6	GB/T 294	滚动轴承	2		
5	GB/T 1096	键8×7×40	1	45#	
4	XIDAOTOU-01	V带轮	1	HT150	
3	GB/T 119.1	销3×12	1	35#	
2	GB/T 68	螺钉M6×18	1	Q235-A	
1	GB/T 891	挡圈35	1	Q235-A	
序号	代号	名称	数量	材料	备注

图 4-46 更改文字样式及高度

（6）合并明细表和标题栏。将明细表移动与标题栏合并，移动时，使明细表右下角点与标题栏右上角点重合即可。移动完毕的明细表如图4-47所示，即完成项目四"铣刀头装配图"的明细表编辑。

16	GB/T 93	垫圈6	1	65Mn	
15	GB/T 5783	螺栓M6×20	1	Q235-A	
14		挡圈B32	1	35#	
13	GB/T 1096	键6×6×20	2	45#	
12		毛毡25	2	222-36	
11	XIDAOTOU-05	端盖	2	HT200	
10	GB/T 70.1	螺钉M6×20	12	Q235-A	
9	XIDAOTOU-04	调整环	1	35#	
8	XIDAOTOU-03	座体	1	HT200	
7	XIDAOTOU-02	轴	1	45#	
6	GB/T 294	滚动轴承	2		
5	GB/T 1096	键8×7×40	1	45#	
4	XIDAOTOU-01	V带轮	1	HT150	
3	GB/T 119.1	销3×12	1	35#	
2	GB/T 68	螺钉M6×18	1	Q235-A	
1	GB/T 891	挡圈35	1	Q235-A	
序号	代号	名称	数量	材料	备注
制图	（姓 名）	（日期）	铣刀头装配图	比例	1:1
审核					
校名-班级-学号			（质 量）		XDTZPT-000

图 4-47　合并后的明细表与标题栏

零件图实训题库

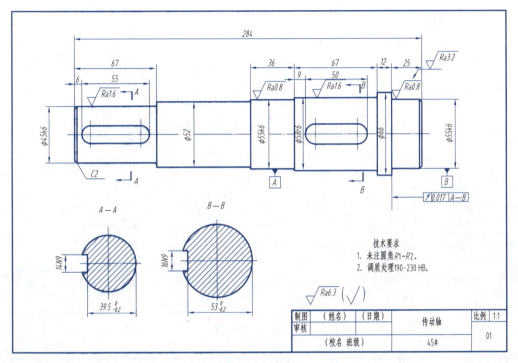

零件图1 传动轴

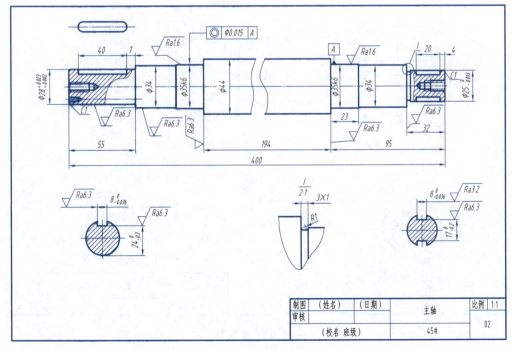

零件图2 主轴

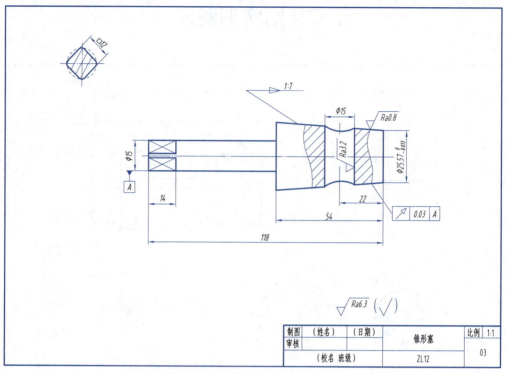

零件图 3 锥形塞

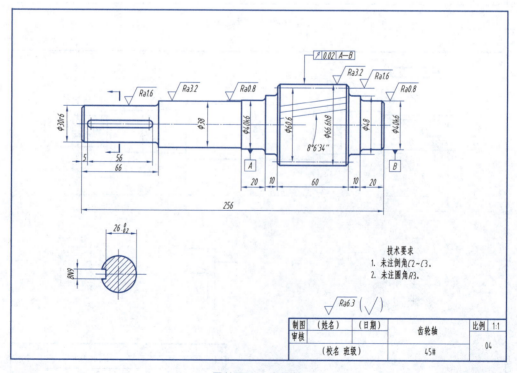

零件图 4 齿轮轴

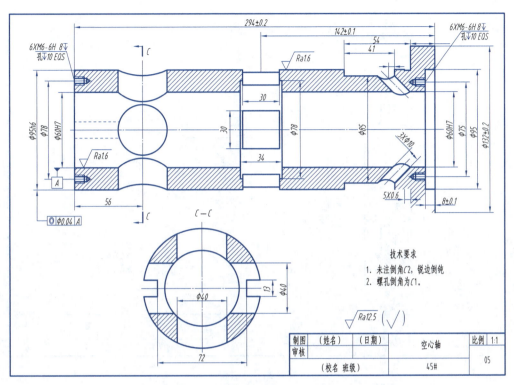

零件图 5　空心轴

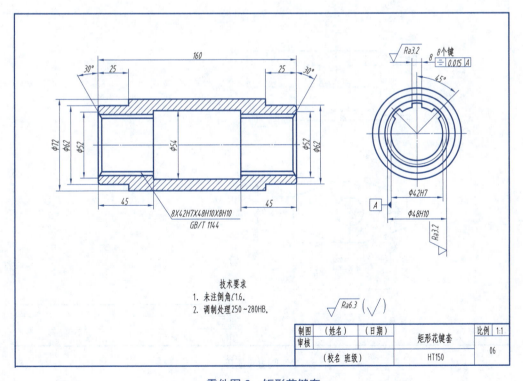

零件图 6　矩形花键套

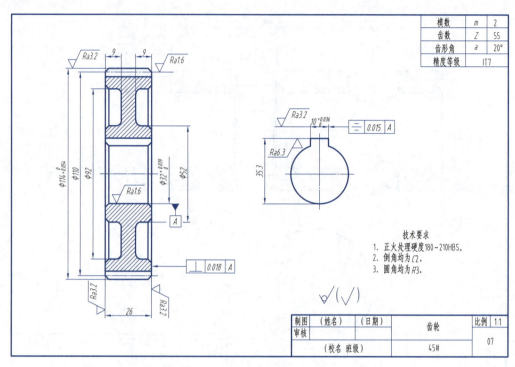

零件图 7 齿轮

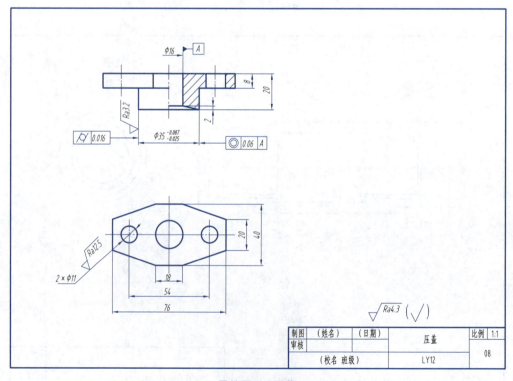

零件图 8 压盖

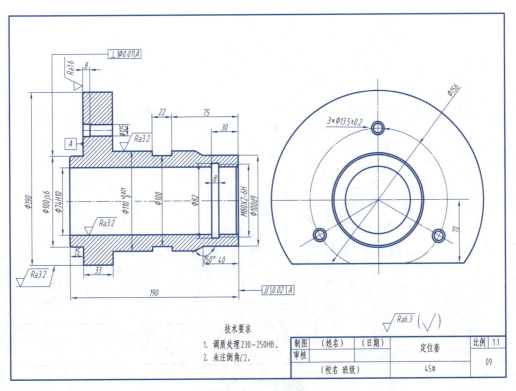

零件图 9　定位套

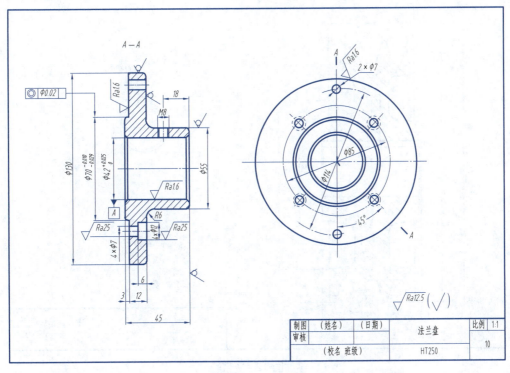

零件图 10　法兰盘

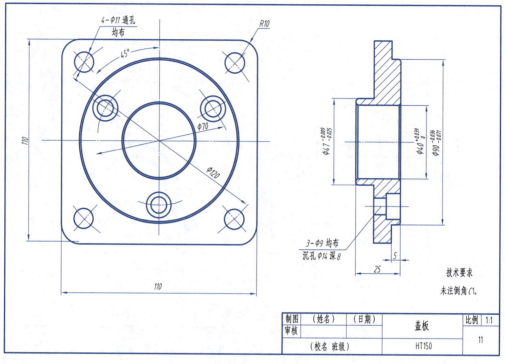

零件图 11 盖板

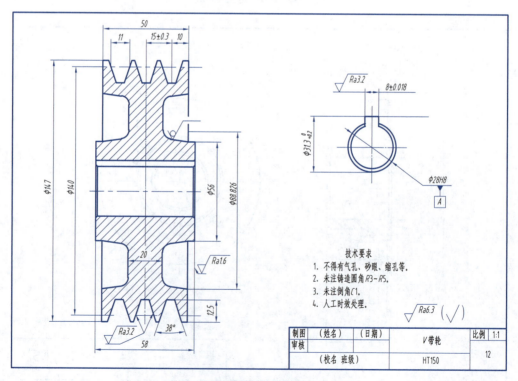

零件图 12 V 带轮

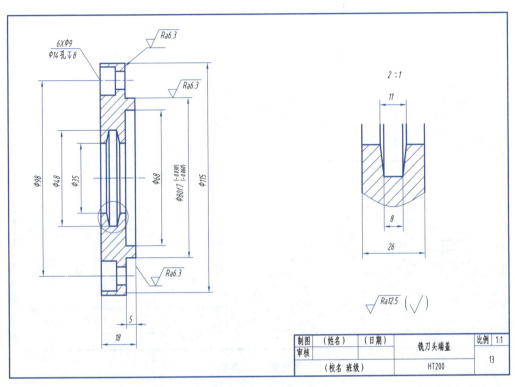

零件图 13　铣刀头端盖

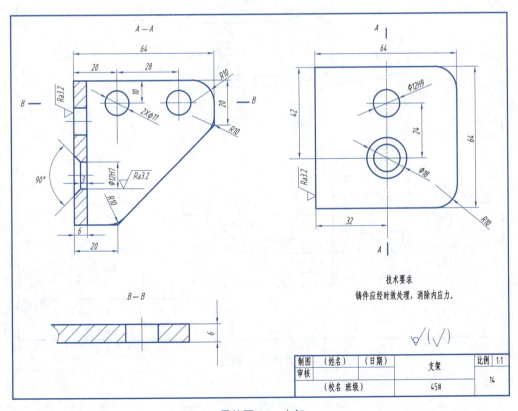

零件图 14　支架

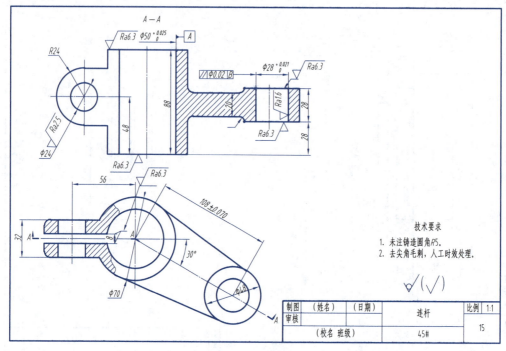

零件图 15 连杆

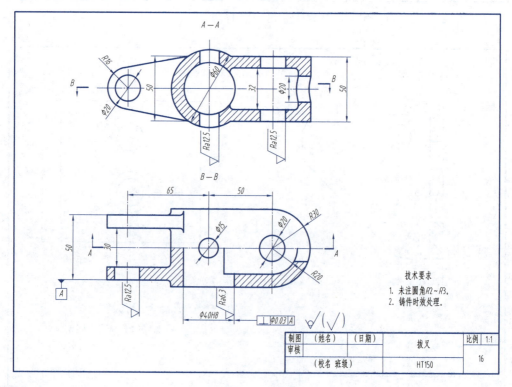

零件图 16 拨叉

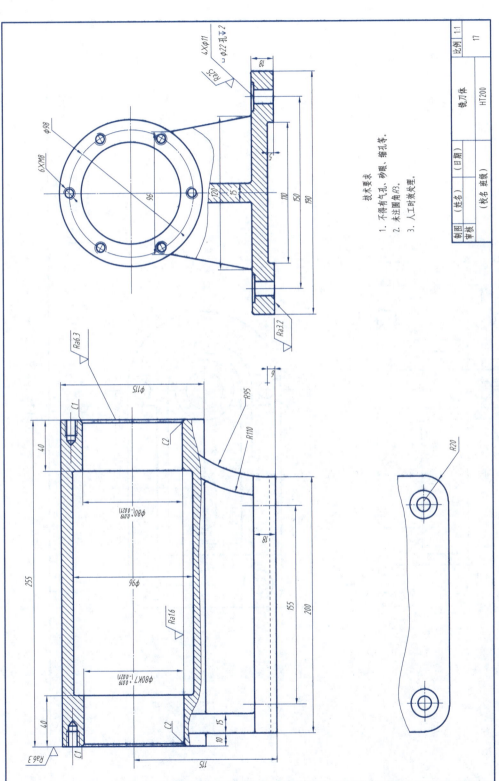

零件图 17 铣刀体

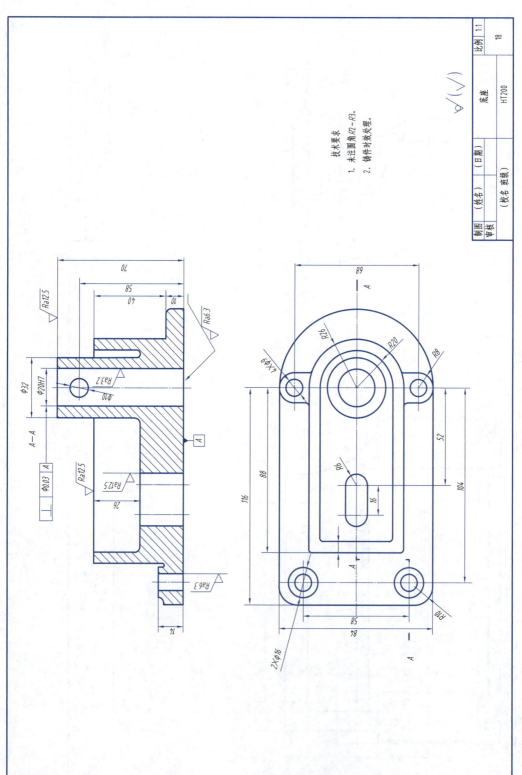

零件图 18 底座

技术要求
未注圆角R1~R2。

零件图 19 泵体

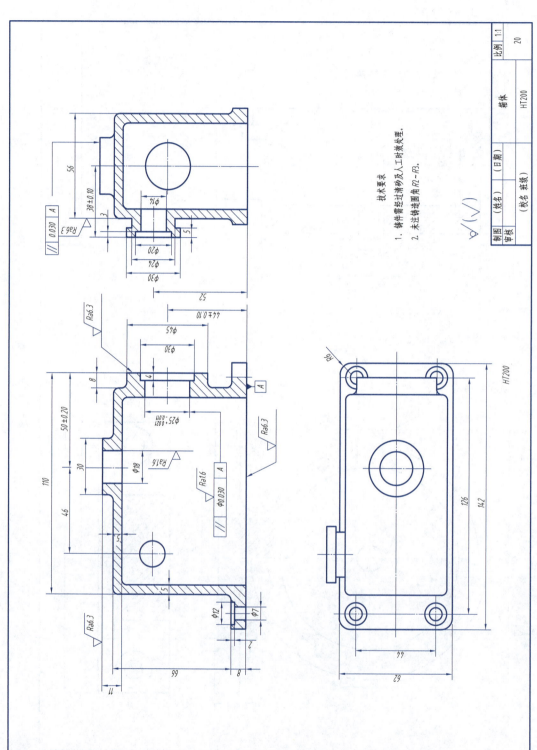

零件图 20 箱体

附 录

附录 A 创建新图层

创建新图层的一般设置见表A-1。

表 A-1 创建新图层的一般设置

图层	颜色	线型	线宽	备注
0	白色	continuous	缺省	放置细实线
粗实线	白色	continuous	0.5 mm	
尺寸标注	绿色	continuous	缺省	
剖面线	青色	continuous	缺省	
标题栏文字	品红	continuous	缺省	
中心线	红色	center	缺省	
技术要求	42	continuous	缺省	放置技术要求文字和符号中细线、剖切符号处字母及视图名称、投射方向等
技术要求1	42	continuous	0.5 mm	放置技术符号中粗线、剖切符号
双点画线	黄色	divided	缺省	
虚线	黄色	dashed	缺省	

附录 B 部分标注符号绘制尺寸要求

部分标注符号绘制尺寸要求如图 B-1 至图 B-3 所示。

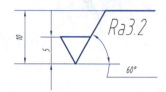

图 B-1 表面粗糙度符号（去除材料）

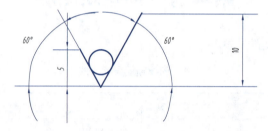

图 B-2 表面粗糙度符号（不去除材料）

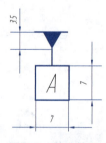

图 B-3 基准符号

附录 C　CAD 考证阅卷评分标准

1. 图纸幅面（图形界限）的设置
（1）要求：根据给定的图形选择合适的图纸幅面。
（2）标准分：5分。

2. 图层的设置、使用与管理
（1）要求：根据考证要求，图层设置正确，图形中的图元对象放置在规定的图层上。
（2）标准分：每类图元5分。

3. 图形的布置及绘制
（1）要求：根据制图国家标准的要求，图形在图纸幅面上布置应匀称；按给定图形正确绘制。
（2）标准分：各5分。

4. 中心线的绘制
（1）要求：根据制图国家标准的规定，中心线超出图形轮廓线3～5 mm；图形绘制结束后，中心线的线型比例要作适当的调整，调整到屏幕上显示为点画线为准。
（2）标准分：同类错误扣5分。

5. 文件名的输入
（1）要求：根据考证卷面要求，输入正确的文件名并保存。
（2）标准分：5分。

6. 文字的输入
（1）要求：根据制图国家标准的规定和考证卷面要求，正确完成图上文字输入（包括文字样式、字体的号数、文字的内容等）。
（2）标准分：同类错误扣5分。

7. 尺寸标注（含公差）的样式设置及标注
（1）要求：尺寸及公差标注数值正确；样式必须符合给定图例中标注的样式；尺寸线的位置与间隔距离应符合制图国家标准；图样中标注的尺寸数值必须清晰，不得被任何图线通过。
（2）标准分：同类错误扣5分。

8. 粗糙度的块创建和插入
（1）要求：正确创建块，以粗糙度值作为块的属性，且字体和大小正确；按照所给图形要求插入块。
（2）标准分：同类错误扣5分。

9. 图面上出现图例以外的符号等
标准分：同类错误扣5分。

10. 说明
上述评分标注中所述"同类"均为细分小类；其余上述未包括处错误由老师酌情扣分。

参考文献

[1] 李善峰，姜勇. AutoCAD 2016中文版基础教程[M]. 北京：人民邮电出版社，2020.

[2] 汤爱君，马海龙. AutoCAD 2022中文版实用教程[M]. 北京：中国工信出版集团，2022.

[3] 钱可强. 机械制图[M]. 北京：高等教育出版社，2022.

[4] 潘苏荣，韦杰. AutoCAD 2016基础教程及应用实例[M]. 北京：机械工业出版社，2016.

[5] 汪诚强. 计算机绘图基础教程[M]. 北京：人民交通出版社，2004.

[6] 曹雪玉，陆萍. 计算机绘图CAD实训指导[M]. 哈尔滨：哈尔滨工程大学出版社，2007.

[7] 郭奉凯，张文明. 机电一体化项目[M]. 北京：中国铁道出版社有限公司，2022.

[8] 赵罘，赵楠，张剑峰. AutoCAD 2014机械制图从基础到实训[M]. 北京：机械工业出版社，2014.

[9] 郭建华，黄琳莲. AutoCAD 2020项目化教程图例[M]. 北京：北京理工大学出版社，2022.